사소해서
물어보지 못했지만
궁금했던
이야기 2

사소해서 물어보지 못했지만 궁금했던 이야기 2

일상에서 발견하는 호기심 과학

사물궁이 잡학지식 지음

arte

프롤로그
세상에 중요하지 않은 궁금증은 없다

마음 속 깊은 곳에 어렸을 때부터 해결하지 못한 사소한 궁금증이 있지 않으신가요? 너무 사소해서 어디에 물어보지도 못하고, 궁금했다는 사실조차 쉽게 잊히는 그런 궁금증 말입니다.

저는 있습니다. 어른이 되어 열심히 살아가던 중 잊고 살았던 사소한 궁금증이 문득 떠올랐고, 그 일을 계기로 사소한 궁금증을 해결해 주는 콘텐츠를 제작하기 시작했습니다. 그리고 잊고 살았던 사소한 궁금증들을 떠올리기 위해 다르게 보고 다르게 생각하려고 노력했습니다.

그런 노력으로 탄생한 40개의 주제를 알면 알수록 빠져드는 신비로운 뇌 이야기와 엉뚱하고 흥미진진한 궁이 실험실, 알아 두면 쓸데 있는 생활 궁금증, 자다가도 생각나는 몸에 관한 궁금증, 몰라도 되지만 어쩐지 알고 싶은 잡학 상식 등 다섯 개의 부로 나누어 책을 구성했습니다.

주제 중 일부는 해당 분야에서 전문적으로 공부하시는 분들에게 자문해 제작했고, 또 일부 주제는 아예 원고를 의뢰해서 답을 찾은 뒤 읽기 쉽도록 재구성해 제작했습니다. 재밌게 읽어 주셨으면 좋겠습니다.

차례

프롤로그 4

1부 알면 알수록 빠져드는 신비로운 뇌 이야기

1 거울 속 나와 사진 속 나는 왜 달라 보일까? 13
2 데자뷔 현상은 왜 일어나는 걸까? 19
3 왜 어릴 때 일들은 기억이 안 날까? 25
4 의지가 강한 사람이 숨을 계속 참으면 어떻게 될까? 31
5 꿈을 꿀 때 왜 꿈이라는 사실을 알아차리기 어려울까? 37
6 버스에서 졸 때 도착할 때쯤 깨는 이유는? 43
7 왜 우리는 눈 깜빡임을 인지하지 못할까? 49
8 유체 이탈은 실제로 일어나는 현상일까? 57

2부 엉뚱하고 흥미진진한 궁이 실험실

9 화산에 쓰레기를 처리하면 안 될까? 65
10 우주에서 총을 쏘면 어떻게 될까? 71
11 그네 타기로 360도 회전을 할 수 있을까? 77
12 멀티탭에 멀티탭을 계속 연결하면 장거리에서도 사용할 수 있을까? 81
13 높은 곳에서 우산 들고 뛰어내리면 낙하산 역할을 할까? 87
14 거인이 되면 왜 느리게 움직일까? 93
15 경찰 취조실의 매직 미러는 어떻게 만들어질까? 101
16 놀이 기구를 탈 때 붕 뜨는 느낌은 뭘까? 107

3부 알아 두면 쓸데 있는 생활 궁금증

17 가스라이터 용기 가운데에 칸막이를 넣은 이유는? 115

18 가위바위보 게임은 정말 공정할까? 123

19 길을 가다가 거미줄에 걸린 것 같은 느낌이 드는 이유는? 131

20 바다에 번개가 치면 물고기들은 어떻게 될까? 137

21 수도에서 나오는 온수는 왜 뿌옇게 보일까? 143

22 요즘 요구르트 뚜껑에는 왜 요구르트가 안 묻어 있을까? 147

23 자전거나 우산의 손잡이는 왜 끈적거릴까? 155

24 스카치테이프가 여러 겹일 때 왜 노랗게 보이는 걸까? 161

4부 자다가도 생각나는 몸에 관한 궁금증

25 고환의 위치를 바꾸면 어떻게 될까? 167

26 넷째 손가락은 왜 들어 올리기 힘들까? 171

27 똥 마려운 걸 참다 보면 왜 괜찮아질까? 177

28 조난 상황에서 비만인 사람이 더 오랫동안 버틸 수 있을까? 183

29 소주를 마시면 정말 위장이 소독될까? 191

30 손톱과 발톱은 어디서 나와서 자라는 걸까? 197

31 탈모는 왜 주로 앞머리와 윗머리에 생길까? 203

32 칼에 찔리면 정말 입에서 피를 토할까? 207

5부 몰라도 되지만 어쩐지 알고 싶은 잡학 상식

33 기차와 시내버스에는 왜 안전벨트가 없을까? 215

34 드라마 속 경찰차는 왜 범인 근처에서도 사이렌을 안 끌까? 221

35 비행기 승객 중에는 항상 의사가 있는 걸까? 225

36 수저 밑에 휴지를 까는 것이 정말 위생적일까? 231

37 왕조 시대 때 신하들은 어떻게 타이밍을 맞춰서 합창했을까? 237

38 우리나라는 사형 제도가 있는데 왜 집행을 안 할까? 243

39 일란성 쌍둥이는 대리 시험이 가능할까? 249

40 배가 다리 위 수로를 건널 때 다리가 버텨야 하는 무게는 늘어날까? 255

참고 문헌 262

세상에 이유 없이 만들어진 것은 없습니다.

이 책도 그러하길 바랍니다.

사물궁이 올림

1부

알면 알수록 빠져드는
신비로운 뇌 이야기

거울아, 거울아.
내 진짜 얼굴을
보여줘!

후면 카메라로
찍어봐!
???

01

거울 속 나와 사진 속 나는 왜 달라 보일까?

스마트폰에는 각각 전면 카메라와 후면 카메라가 탑재되어 있습니다. 보통 전면 카메라는 화면을 통해 자신의 얼굴을 보면서 찍을 때 사용하고, 후면 카메라는 타인이나 사물, 풍경을 찍을 때 사용합니다. 전면 카메라로 찍으면 거울 속에서 보던 자신의 익숙한 얼굴을 사진에 담을 수 있습니다. 반면에 후면 카메라로 찍은 사진을 보면 평소 자신의 얼굴과 다르다고 느끼는 사람이 많습니다. 전면 카메라와 후면 카메라는 화소와 좌우 반전의 차이가 있을 뿐인데, 왜 두 카메라로 찍은 자기 얼굴을 보면서 다르다고 느끼는 걸까요?

이 문제와 관련해 거울 속 내 얼굴(전면 카메라에 찍힌 모습)과 다른 사람이 찍어 준 사진 속 내 얼굴(후면 카메라에 찍힌 모습) 중에서 진짜 나의 얼굴이 무엇인지 묻는 질문을 종종 받습니다. 이런 고민을 하

는 이유는 거울 등을 사용하지 않는 이상 사람은 자기 얼굴을 자기 눈으로 직접 볼 수 없기 때문입니다. 거울과 전면 카메라에 비친 모습은 평소에 내가 보는 좌우 반전된 내 얼굴이고, 후면 카메라로 찍힌 사진은 다른 사람이 보는 좌우가 반전되지 않은 내 얼굴입니다. 그래서 후자를 보면서 다른 사람 눈에 자신의 얼굴이 정말 이렇게 보일지 궁금해하는 겁니다.

둘 사이에 무슨 차이가 있다는 말인지 언뜻 이해하기 어려운 사람도 있을 것 같습니다. 이 상황을 이해하기 위해서 22명의 소수 인원을 대상으로 자체 실험을 진행해 봤습니다.

실험 내용은 피실험자에게 전면 카메라로 찍은 자신의 얼굴 사진을 좌우 반전해서 보여 줬을 때 어떤 반응을 보이는지 확인하는 것입니다. 실험을 진행하는 입장에서는 피실험자들의 얼굴 사진을 좌우 반전했을 때와 안 했을 때의 차이를 느끼지 못했습니다. 하지만 흥미롭게도 11명의 피실험자가 좌우 반전된 자신의 얼굴을 보면서 "어색하다", "내가 아닌 것 같다" 등의 답변을 주었습니다. 이들이 그렇게 느낀 이유는 무엇일까요?

사람은 얼굴을 볼 때 자신이 보는 방향을 기준으로 왼쪽 얼굴을 먼저 바라본다고 합니다. 이와 관련해서 영국 세인트앤드류스대학교 심리학 연구팀의 논문을 참고해 보겠습니다. 논문에 따르면, 피실험자에게 본인의 왼쪽 얼굴과 오른쪽 얼굴 사진을 각각 보여 주고 마음에 드는 사진을 고르라고 하자, 10명 중 9명이 왼쪽 얼굴이 더 마음에 든다고 답변했습니다.

이 결과를 두고 연구팀은 시각 정보 처리 능력이 뛰어난 우뇌로 인해 사람은 자신이 보는 방향에서의 왼쪽 얼굴을 전체 얼굴로 인식하기 때문이라고 설명합니다.

즉, 좌우 반전된 거울 속 자신의 얼굴을 볼 때는 왼쪽 얼굴을 먼저 보는 것이 익숙하겠지만, 후면 카메라를 통해 찍은 좌우 반전되지 않은 자신의 얼굴을 볼 때는 오른쪽 얼굴을 먼저 보게 됩니다.

대부분 사람의 얼굴은 한쪽으로 씹기나 턱 괴기 등의 잘못된 생활 습관으로 인해 비대칭입니다. 자신에게 익숙했던 얼굴이 아닌 반대쪽 얼굴을 보는 순간 평소에는 알아채지 못했던 비대칭적인 부분이 눈에 들어오고, 여기서 이질적인 느낌을 받습니다.

그런데 제가 앞서 진행했던 실험에서도 알 수 있듯이 다른 사람의 눈에는 좌우 반전된 사진이나 원래 사진이나 비슷해 보입니다. 즉, 자신의 얼굴을 잘 아는 자신만 이질적인 느낌을 받는다는 이야기입니다.

뛰어난 외모로 인기를 얻는 연예인들이 종종 자신의 얼굴에 대해서 불평하는 이유도 평소에 거울로 보던 것과 다른, 좌우 반전되지 않은 자기 얼굴을 화면을 통해 보게 되어서가 아닐까 싶습니다. 무엇보다 사진은 카메라 렌즈에 따라 왜곡 현상이 발생해서 실제 얼굴을 완벽히 담아낼 수 없습니다. 대개 동양인이 사진을 찍으면 눈은 작게, 얼굴은 평면적으로 나옵니다.

여러분도 한번 스마트폰의 전면 카메라와 후면 카메라로 얼굴 사진을 찍어서 비교해 보길 바랍니다. 얼굴이 대칭인 사람일수록 이질감을 덜 느낄 것이고, 비대칭일수록 차이를 크게 느낄 것입니다.

전면 카메라

후면 카메라

이 장면...
본 적 있는데....

나도 그런 적
있어!
나도 나도
데자뷔
데자뷔를
느낀거야.

02

데자뷔 현상은 왜 일어나는 걸까?

데자뷔(Déjà Vu) 혹은 **기시감**은 처음 보거나 경험하는 것임에도 어디선가 이미 본 적이 있거나 경험한 적이 있다고 느끼는 현상을 말합니다. 통계 자료에 따르면 전 세계 인구의 60퍼센트가 데자뷔를 경험해 본 적이 있다고 합니다. 데자뷔가 일어나면 대부분의 사람은 착각이라고 생각하고 넘어가기 마련입니다. 그런데 1900년도에 프랑스의 의학자인 플로랑스 아르노Florance Arnaud가 이것을 하나의 현상으로 규정하고, 심리학자 에밀 부아라크Emile Boirac가 데자뷔라는 용어를 처음 사용하면서 널리 인식되기 시작했습니다.

많은 과학자가 데자뷔 현상의 원인을 밝히기 위해 노력했지만 아직까지 명확히 결론 내리지 못했고, 여러 가설만 존재합니다. 따라서 여기서는 정설로 통하는 가설들을 알아보려고 합니다.

데자뷔 현상은 기억과 밀접한 관련이 있습니다. 본 적이 있거나 경험한 적이 있어도 기억하지 못한다면 데자뷔 현상을 경험할 수 없기 때문입니다. 그렇다면 우리의 기억을 관장하는 곳은 어디일까요? 바로 뇌입니다. 뇌 중에서도 대뇌 측두엽에 있는 **해마** hippocampus는 기억과 관련해 아주 중요한 역할을 합니다. 해마는 새로운 사실을 학습하고, 서술 기억(장기 기억)을 처리합니다. 그리고 해마 주변에 있는 **비피질(비주위피질)** 영역은 해마와 함께 기억 형성을 담당하며, 특히 기억과의 연관성을 검증하는 역할을 합니다.

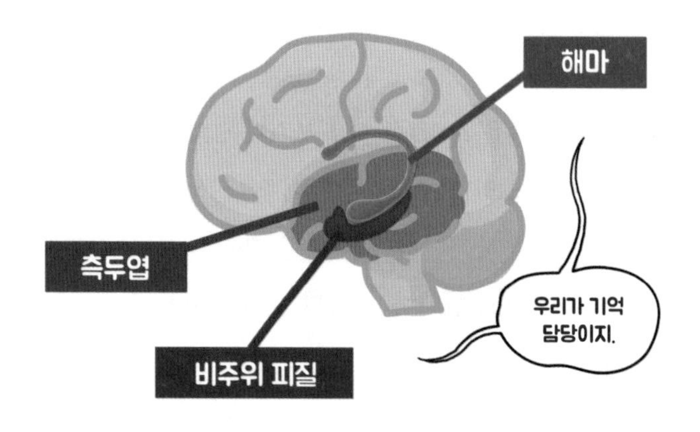

그런데 만약 해마가 제 역할을 하지 못하고, 비피질 영역만 일한다면 어떻게 될까요? 기억에 없어도 있는 것 같다고 생각하게 됩니다. 그래서 일부 과학자는 기억 처리 과정에서 신경세포(뉴런)의 정보 전달에 혼선이 생겨서 데자뷔 현상이 발생한다고 주장합니다.

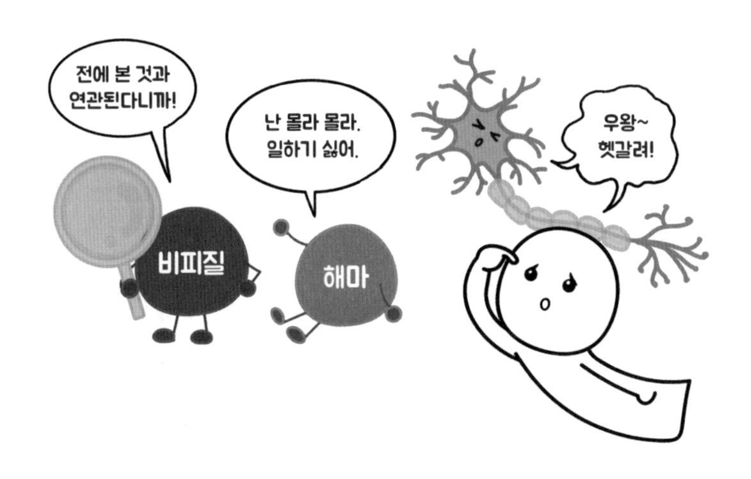

이에 관한 근거로 측두엽 뇌전증 환자에게서 나타나는 증상 중 하나가 데자뷔 현상입니다. 뇌전증은 뇌 신경세포가 불규칙한 전기 자극으로 혼란을 겪고 균형을 잃어 발작을 일으키는 것입니다. 뇌전증 환자에게 데자뷔가 일어난다는 것은 측두엽에 이 현상을 일으키는 무언가가 있다는 해석을 낳을 수 있는데, 앞서 말한 해마와 비피질이 바로 측두엽에 위치합니다.

이외에도 데자뷔의 원인과 관련한 여러 해석이 있습니다. 심리학자들은 인간이 사물을 전체가 아닌 단편적인 특징으로 기억하므로, 기억들이 복합적으로 작용하다 착각을 일으켜 데자뷔가 발생한다고 주장합니다. 또한 방어적인 퇴행 현상으로 보는 견해도 있는데, 낯선 곳에서 생기는 불안한 감정이 방어 심리를 유발해 익숙한 환경으로 생각하게 만들어 적응력을 높인다는 주장입니다.

혹은 우리가 살면서 다양한 장소와 상황 등을 경험하기에, 그저 비슷한 상황의 기억을 떠올린 것일 수도 있습니다.

간질이 아니라 뇌전증!

뇌전증이란 뇌전증 발작을 초래할 만한 신체적 이상이 없음에도 불구하고, 발작이 반복적으로 발생하는 질환입니다.
과거에는 간질이라는 말을 사용했지만, 이 용어가 부정적인 편견을 불러오기 때문에 뇌전증이란 말로 바꿨습니다.
주로 감정과 단기 기억 등을 담당하는 측두엽에서 발생하는 측두엽 뇌전증은 대개 측두엽에 있는 해마에 이상이 생겨 발생합니다. 측두엽 뇌전증 환자들은 갑작스러운 공포감이나 데자뷔 등의 전조 증상을 보이는 경우가 많습니다.
측두엽 뇌전증은 증상과 원인에 따라 약물이나 수술을 시행하거나, 신경에 전기 자극을 주어 발작을 억제하는 치료법으로 개선될 수 있습니다.

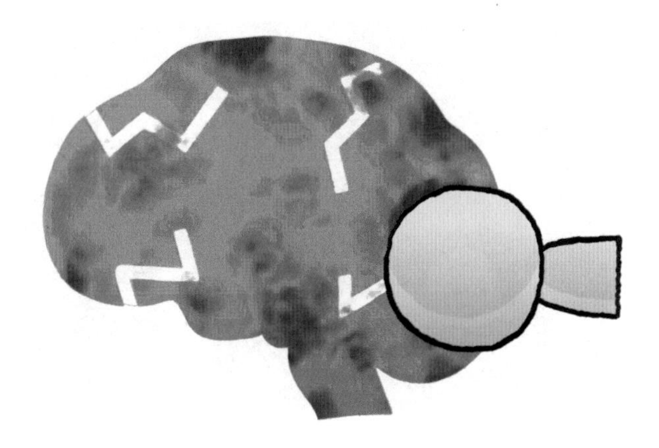

너 키우느라
고생했지!
정말?

기억 안 나?
몰라
난 몰라.
몰라

03

왜 어릴 때 일들은 기억이 안 날까?

경험이나 학습을 통해 얻은 정보를 저장하는 일을 기억이라고 합니다. 기억은 우리가 살아온 흔적이므로 매우 소중하지만, 인간은 망각의 동물이라서 좋은 기억이든 나쁜 기억이든 어느 순간 잊고 삽니다. 물론 그렇다고 완전히 잊는 것은 아닙니다. 촉발 원인에 의해 잊고 살았던 기억이 갑자기 떠오르기도 하고, 인상적인 사건에 대해서는 촉발 원인 없이도 기억하고 있습니다. 그런데 기억을 거슬러 올라가다 보면 어린 시절의 어느 순간부터는 전혀 기억이 나지 않을 것입니다.

여러 논문을 참고해 보면 성인은 대개 3세 이전의 일들은 기억을 거의 못 하고, 4~7세의 기억은 매우 단편적이고 부정확했습니다.

이와 관련해 바우어Patricia J. Bauer 와 라르키나Marina Larkina 교수가 진행한 연구에 따르면 4~7세 아이들은 3세 이전의 일들을 어느 정도는 기억하고 있었으나 해마다 매우 빠른 속도로 잊어버렸다고 합니다(3세 때의 일을 기준으로 5.5살 아이는 80퍼센트, 7살 아이는 60퍼센트, 7.5살 아이는 40퍼센트 수준으로 기억).

시간이 흐르면 점차 자연스럽게 기억을 잃기는 해도, 불과 몇 년 사이에 많은 양의 기억을 잃는다는 것은 의아합니다. 전문가들은 이와 같은 현상을 **유아(또는 아동기) 기억상실증**infantile amnesia 이라고 명명하고, 이 현상에 관해서 연구를 진행했으나 아직 원인을 명확히 밝히진 못했습니다. 그래도 지금까지 알아낸 연구 결과를 토대로 의문을 해결해 보려고 합니다.

신경과학자 프랭크랜드Paul W. Frankland 와 조슬린Sheena A. Josselyn 부부는 쥐를 통해서 동물의 유아 기억상실증을 증명하는 실험을 진행했습니다. 이들은 플라스틱 우리와 금속 우리를 준비한 뒤 금속 우리에만 미세한 전기를 흘려 보냈습니다.

그러자 성인 쥐는 금속 우리에 들어갈 때마다 몸이 경직되는 증상을 보였으나, 새끼 쥐는 하루만 지나면 처음 들어갔을 때와 같은 상태를 유지했습니다. 즉, 새끼 쥐는 금속 우리에 전기가 흐른다는 사실을 금방 잊어버렸다는 것입니다. 도대체 원인이 무엇일까요?

프랭크랜드와 조슬린 교수는 신경 형성 과정에 주목했습니다. 기억은 뇌의 **해마** hippocampus 라는 부위에서 관장하는데, 뇌가 발달하면서 해마의 **뉴런(신경세포)**이 증식하고 연결됩니다. 두 사람은 이 과정에서 기존의 기억들이 삭제되어 어렸을 때의 일을 기억할 수 없는 것이라고 주장합니다.

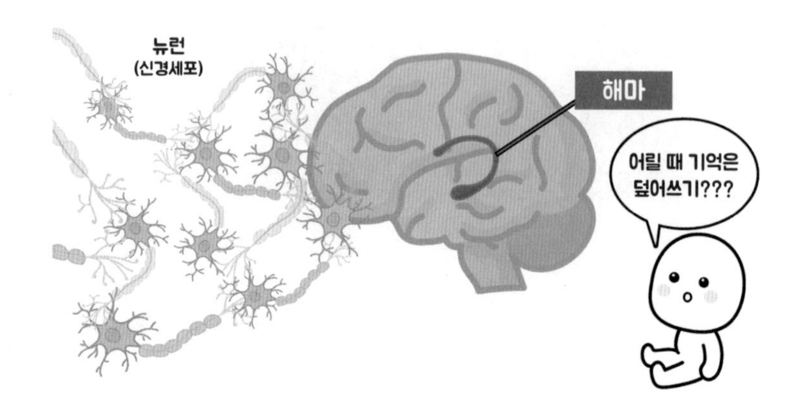

이와 관련해 전기 충격의 공포를 기억하는 성인 쥐에게 뉴런의 발생을 촉진하는 운동을 4~6주간 시행한 결과, 금속 우리에 들어가도 공포를 느끼지 않고 편안한 상태를 유지하는 것을 관찰했습니다. 즉, 신경 형성 과정이 기억에 중요한 역할을 한다는 것을 알 수 있습니다.

한편, 새끼 쥐에게 약물이나 유전자 재조합을 통해서 뉴런 증식을 차단했더니 놀랍게도 어릴 때의 기억을 더 오랫동안 유지했습니다. 더 나아가서 연구팀은 새로 형성된 뇌세포 DNA에 녹색 형광 물질 단백질을 바이러스 형태로 주입해서 녹색 빛의 새로운 뇌세포가 기존 뇌세포의 연결 회로와 결합하는 것도 확인합니다.

이를 통해 신경세포의 생성과 결합 과정에서 우리는 기존의 기억을 잃을 수 있으며, 종종 어떤 일이 드문드문 기억나는 이유는 단편적인 기억의 조각들이 복잡하게 섞여 있기 때문으로 이해할 수 있습니다. 이로 인해 단편적인 기억의 조각들은 부정확하고 왜곡되기 쉽습니다.

자다가 숨이
안 쉬어지면...?
어떡해
어떡해

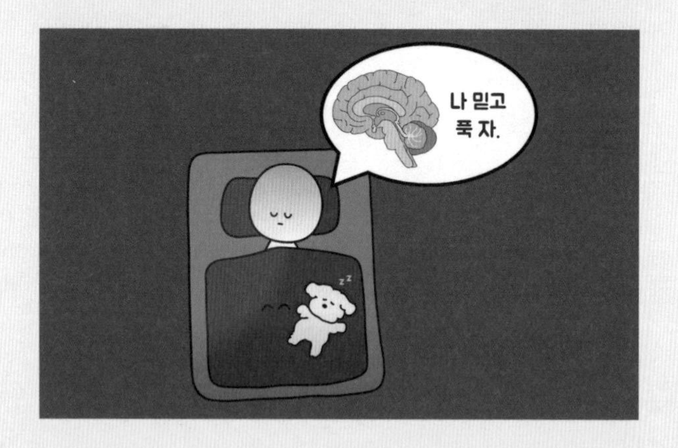
나 믿고
푹 자.

04

의지가 강한 사람이 숨을 계속 참으면 어떻게 될까?

살아 있는 사람이라면 평생 해야 하는 활동이 바로 호흡입니다. 산소를 들이마시고 이산화 탄소를 내보내는 호흡은 영양물질을 산화시켜 에너지를 얻는 것이 목적입니다. 생명 활동의 기본인 호흡이라는 대사 과정이 정상적으로 이루어지지 않으면 생명체는 죽게 됩니다.

그런데 이 중요한 활동을 사람은 인위적으로 중단할 수 있습니다. 단순한 놀이의 목적으로 숨을 얼마나 오랫동안 참을 수 있는지 알아보기도 합니다. 사람은 통상적으로 30~90초 정도를 버틸 수 있고, 그 이상을 버티는 사람도 있으나 많이 힘들다고 합니다.

* 이 글은 이선호 님(과학 커뮤니케이터, 유튜브 채널 '과뿐사' 운영)의 투고를 바탕으로 재구성했습니다.

여기서 의문이 생깁니다. 만약 의지가 강한 사람이 숨을 계속 참아 본다면 어떻게 될까요?

결론부터 말하면 우려하는 상황은 발생하지 않습니다. 하지만 함부로 해서는 안 될 행동이므로 따라 하지 말고 책으로만 읽어 주길 바랍니다.

위 의문을 해결하려면 호흡에 관해서 먼저 이해해야 합니다. 호흡은 개인의 의지에 따라서 조절할 수 있고, 의지를 갖지 않아도 저절로 이루어지는 행위입니다. 만약 의지에 따라서만 이루어진다면 우리는 수면 중에 죽음을 맞이했을 겁니다. 다행히 아직 살아 있는 이유는 호흡 활동에 관여하는 기관이 의지에 따라 기능하는 곳과 의지에 상관없이 자동으로 기능하는 곳으로 나뉘어 있기 때문입니다.

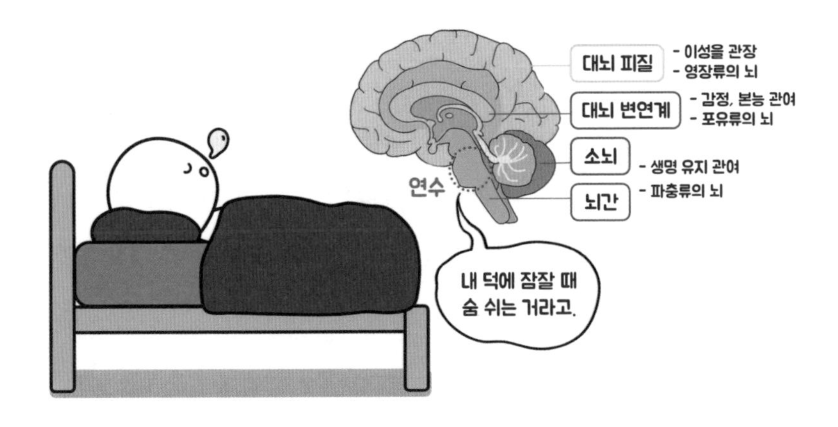

인간의 뇌는 크게 세 부위로 나눌 수 있습니다. 가장 바깥쪽은 이성을 관장하는 대뇌 피질로 '영장류의 뇌'라고도 불리는 곳입니다. 그 안쪽은 본능 또는 감정에 관여하는 대뇌 변연계로 '포유류의 뇌'라고도 불리는 곳입니다. 가장 안쪽에 위치한 뇌간과 소뇌는 생명 유지에 필수적인 역할을 하며, '파충류의 뇌'라고도 불립니다.

이렇게 뇌의 구조를 살펴보면 바깥으로 갈수록 고차원적인 기능을 담당하고, 안쪽으로 갈수록 단순하나 생명 유지에 필수적인 기능을 한다는 것을 알 수 있습니다. 이 중 사람이 의지를 갖고 호흡할 수 있도록 해 주는 곳은 대뇌 피질과 변연계의 일부 신경세포이며, 의지에 따라서 척수를 직접 자극해 숨을 천천히 또는 가쁘게 내쉴 수 있도록 해 줍니다. 반면에 사용자가 의지를 갖지 않아도 호흡할 수 있도록 도와주는 곳은 뇌의 가장 깊숙이 자리 잡은 뇌간의 연수라는 부위입니다.

그렇다면 우리는 어떻게 의지와 상관없이도 호흡을 자동으로 할 수 있을까요? 호흡은 산소를 받아들이고 이산화 탄소를 내보내는 과정이므로 혈액 내에 산소 또는 이산화 탄소가 얼마큼 있는지가 중요합니다. 다행히도 체내에는 이를 감지하는 센서가 있습니다. 바로 총경동맥 분지부의 경동맥체carotid body와 대동맥체aortic body에 존재하는 말초 화학수용체peripheral chemoreceptor입니다.

말초 화학수용체는 혈액 내의 산소 분압(여러 기체가 섞여 있을 때 각각의 성분 기체가 나타내는 압력)PO_2이 60mmHg 이하로 떨어지거나 이산화 탄소 분압PCO_2이 40mmHg 이상으로 올라가면 호흡 중추인 연수를 자극합니다. 덕분에 의지와 상관없이 호흡근을 작동시켜 숨을 쉴 수 있습니다.

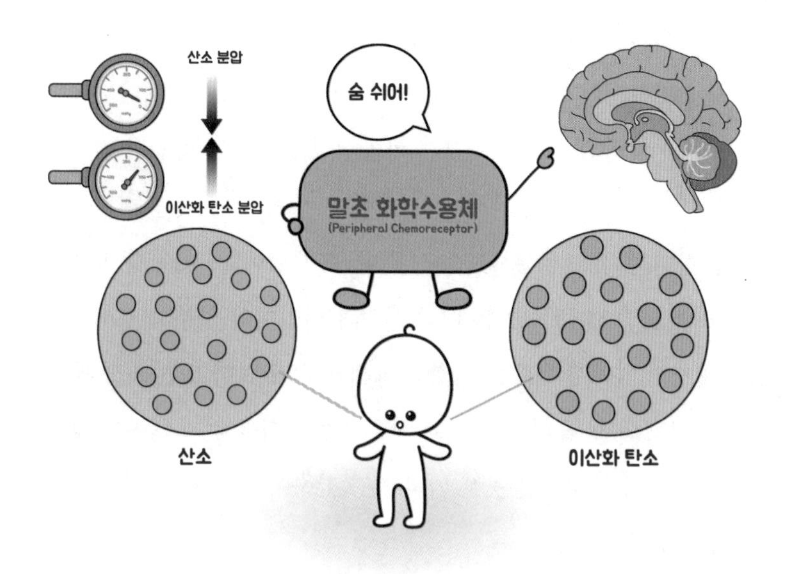

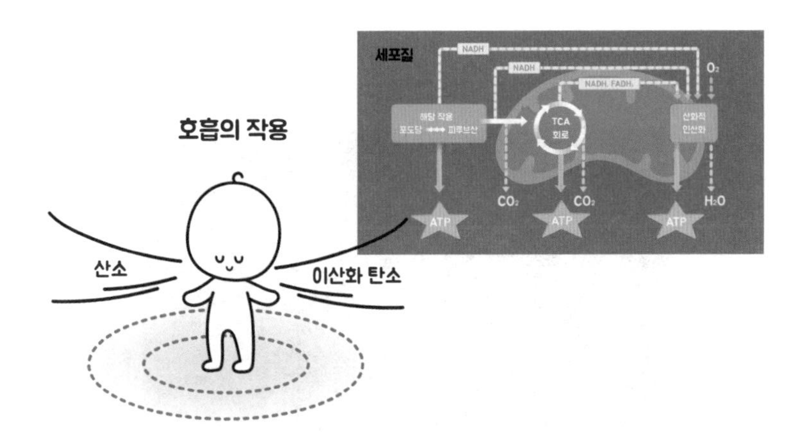

또한 연수 자체에도 센서가 있는데, 연수 표면의 미주신경과 설인신경 출구 부위에 존재하는 중추 화학수용체central chemoreceptor가 수소 이온H⁺ 농도를 감지해 호흡이 필요한 상황임을 간접적으로 판단하고, 이에 따라 호흡근을 작동시켜 숨을 쉬도록 해 주는 장치입니다.

그런데 앞서 '의지가 강한 사람'이라는 전제 조건을 붙였습니다. 의지가 정말 강해서 연수에 의한 자극을 버틸 수 있다면 결과가 달라지지 않을까요? 물론 불가능에 가까우나, 만약 가능하다면 기절할 것입니다. 기절하면 의지력이 더는 관여할 수 없으므로 수면할 때와 마찬가지로 연수에서 자유롭게 호흡을 조절할 수 있게 되므로 우려하는 상황은 발생하지 않습니다. 그래도 따라 하지는 마세요.

예~

아~

꿈이야
생시야?

05

꿈을 꿀 때 왜 꿈이라는 사실을 알아차리기 어려울까?

꿈이란 수면 중에 일어나는 의식적 경험으로, 깨어 있을 때와 마찬가지로 무언가를 보고 듣고 행동하는 것처럼 느낄 수 있습니다. 때로는 현실에서 절대 일어날 일이 없는 비현실적인 꿈을 꾸기도 하는데, 꿈을 꾸는 동안에는 이것을 현실과 구분 짓기가 어렵습니다. 우리는 왜 꿈을 꾼다는 사실을 꿈을 깨기 직전까지도 알아차리지 못할까요?

예를 들어서 하늘을 날아다니는 꿈을 꾸고 있다면 현실에서는 절대 일어날 리 없는 일이므로 꿈이라는 사실을 알아차려야 합니다. 하지만 꿈속에서는 원래부터 그랬던 것처럼 하늘을 난다는 사실에

* 이 글은 장현우 님(카이스트-KAIST-바이오및뇌공학과 졸업, 의식과학 연구자)의 도움을 받았습니다.

꿈은 렘수면 단계에서 꿔요.

의문을 갖지 않습니다. 도대체 그 이유가 무엇일까요?

꿈을 수면 중 가끔 경험하는 현상이라고 생각하는 경우가 많은데, 사람은 하룻밤 동안 4~5번 정도 꿈을 꾼다고 합니다. 이는 수면의 단계와 관련이 있습니다. 수면은 급속 안구 운동이 나타나는 **렘수면** REM, rapid eye movements 단계와 급속 안구 운동이 나타나지 않는 **비렘수면** non-REM 단계로 구분할 수 있고, 비렘수면은 다시 4단계로 나뉩니다. 비렘수면 1~2단계를 얕은 수면이라고 하고, 3~4단계를 깊은 수면이라고 합니다. 이 네 단계를 거친 다음에 렘수면으로 넘어가고, 잠을 자는 동안 이 과정을 90분 주기로 반복합니다. 보통 꿈은 렘수면일 때 꾼다고 알려졌습니다.

앞서 하룻밤에 4~5번 정도의 꿈을 꾼다고 이야기한 이유는 이것이 렘수면 단계를 거치는 횟수와 같기 때문입니다. 그렇다면 왜 4~5번이나 꿈을 꾸고도 기억을 못 할까요?

이 질문에 대한 답변은 앞서 우리가 해결하고자 한 주제와 밀접한 관련이 있습니다. 수면 중에는 대뇌 피질의 90퍼센트 이상을 차지하고 운동, 감각 지각, 고도의 정신 작용, 학습 등에 관여하는 **신피질**과 기억 저장에 관여하는 **해마** 사이의 연결이 약해집니다. 또한, 렘수면 상태에서 꿈을 꿀 때는 주의 집중을 유도하는 신경전달물질인 노르에피네프린norepinephrine의 분비가 중단되므로 기억을 제대로 저장할 수 없습니다. 하지만 기억과 학습을 담당하는 뇌 신경전달물질인 아세틸콜린acetylcholine이 생성되기 때문에 자극적이고 강렬한 꿈은 단편적이지만 어느 정도 기억할 수 있습니다.

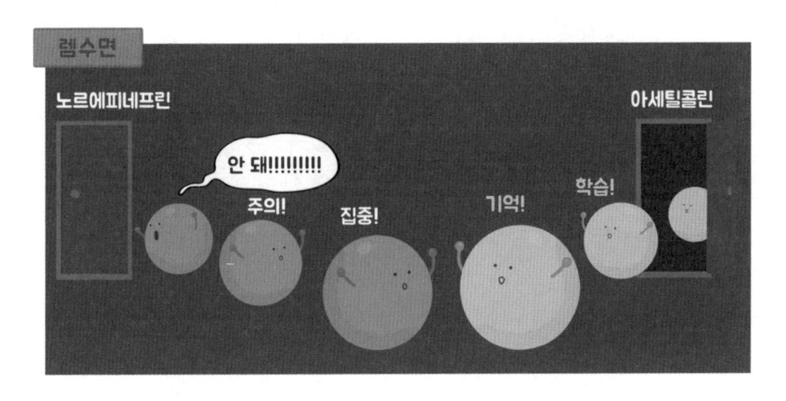

이런 맥락에서 꿈을 꾸는 동안에는 정신이 불완전하므로 고차원적인 **메타인지**metacognition가 작동하지 않습니다. 메타인지는 '내가 무엇을 알고 무엇을 모르는지를 점검하고 판단하는 능력'을 말하며, 메타인지가 제대로 작동하지 않으면 눈앞에 보이는 것을 합리적으로 판단할 수 없습니다.

그래서 깨어 있는 상태에서도 주의를 집중하지 않으면 비슷한 현상이 발생합니다. 어느 한 곳에 주의를 기울이고 있다 보면 눈앞에 큰 변화가 일어났음에도 알아차리지 못하는 현상을 **변화맹**change blindness이라고 합니다. 변화맹은 우리가 꿈을 꾸는 동안 꿈이라는 사실을 알아차리지 못하는 것과 같은 이유로 발생합니다.

그런데 예외적으로 꿈을 알아차리는 경우가 있습니다. 이를 자각몽lucid dream이라고 하는데, 자각몽 상태에서는 상상을 실현할 수 있는 능력이 생긴다고 알려져 관심을 갖는 사람이 많습니다. 전 세계 인구의 절반가량이 살면서 최소한 한 번은 자각몽을 경험한다고 하며 이와 관련한 연구도 활발히 이루어졌습니다. 고차인지 능력이 뛰어난 사람이 자각몽을 잘 꾼다고 하며, 자유자재로 자각몽을 꾸는 사람을 '루시드 드리머'라고 합니다. 참 부러운 능력이죠?

zZ

이번 역은….
Z
z

06

버스에서 졸 때 도착할 때쯤 깨는 이유는?

버스나 지하철 등의 대중교통은 주로 하루의 시작과 끝에 심신이 피곤한 상태에서 이용할 때가 많습니다. 그러다 보니 대중교통을 이용할 때 자주 졸곤 합니다. 그런데 신기하게도 목적지에 도착할 때쯤 저절로 잠에서 깬 경험이 있지 않으신가요?

단순히 우연이라고만 하기에는 많은 사람이 반복해서 경험하는 현상입니다. 물론 잠을 자다가 목적지를 지나치기도 하고, 목적지에 다다르기 한참 전에 깨기도 합니다. 그래도 꽤 높은 확률로 도착 직전에 잠에서 깨는 경험을 할 수 있습니다. 여기에는 무슨 비밀이 숨겨 있을까요? 핵심 내용만 말하면 제대로 잠들지 못했기 때문입니다.

버스나 지하철 같은 환경에서는 다양한 요인으로 인해 깊은 수면에 빠지기 어렵습니다. 일단 앉은 상태로 불편하게 자야 하고, 이동 중 발생하는 진동과 소음 등이 수면을 방해합니다. 물론 얕은 수면 상태라고 해도 외부와의 자극이 차단되므로 대중교통 이용 중에 나오는 안내 방송을 듣기는 어려울 수 있습니다.

이와 관련해 2000년도에 과학 저널 《뉴런Neuron》에 게재된 흥미로운 논문이 있습니다. 연구팀은 피실험자가 깨어 있을 때와 비렘수면 상태로 잠을 잘 때 경고음과 피실험자의 이름을 각각 들려주고 자기공명장치fMRI와 뇌전도 검사EEG를 이용해 뇌를 관찰합니다. 그리고 수면 중인 사람에게 경고음을 들려줄 때보다 피실험자 본인의 이름을 들려줄 때 뇌가 더 활발히 반응한다는 결과를 얻어냅니다.

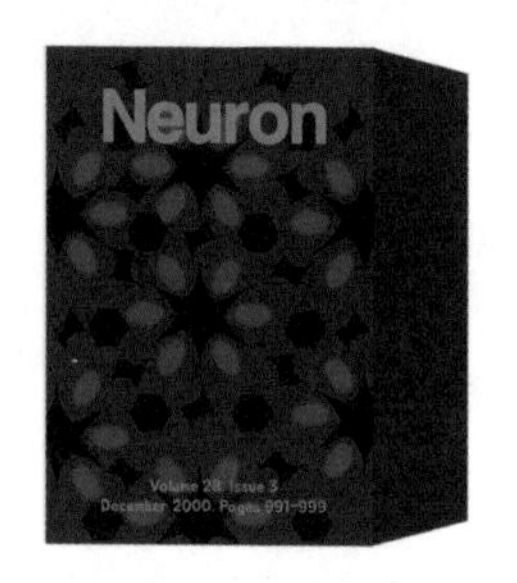

즉, 수면 중인 사람에게 중요한 단어를 들

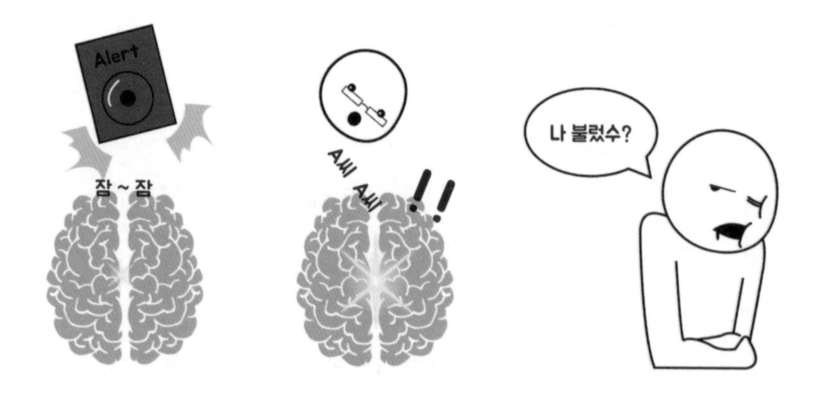

려주면 수면 중임에도 충분히 인지할 수 있습니다. 또한, 얕은 수면 상태이므로 잠에서 깨는 것이 크게 어렵지 않아서, 목적지에 가까워질 때쯤 안내 방송을 들으면 깰 수 있습니다.

추가로《과학 공공 도서관*Public Library of Science, PLOS*》저널에서도 2013년도에 비슷한 주제의 논문을 게재한 적이 있습니다. 이 논문에서도 수면 중 뇌가 소리에 반응하는 것을 관찰했는데, 피실험자 본인의 이름과 다른 피실험자의 이름을 각각 들려줬을 때 본인의 이름에 알파 활동(각성되거나 흥분하지 않고 조용히 휴식할 때 나타나는 8~12Hz의 규칙적인 뇌파)이 증가하는 것을 확인했습니다. 즉, 뇌는 수면 중에도 중요한 소리를 선택적으로 처리하고 있는 것입니다.

알파 활동 : 특별히 각성되거나 흥분하지 않고, 조용히 휴식할 때 나타나는 8~12Hz의 규칙적인 뇌파.

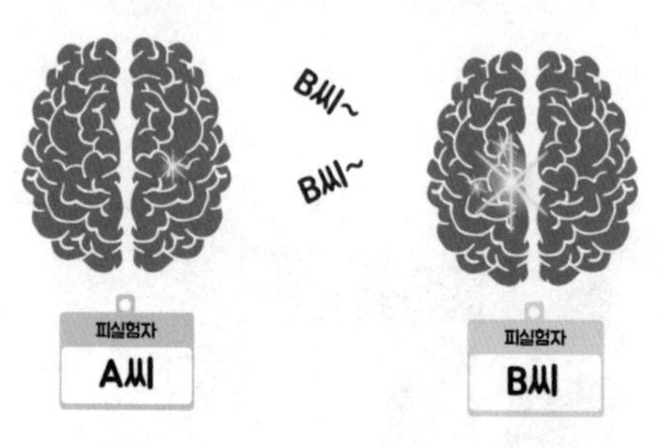

위와 같은 현상은 깨어 있을 때도 적용됩니다. 심리학에서는 칵테일 파티 효과cocktail party effect라고 하는데, 파티 참석자들이 시끄러운 소음이 있는 곳에서도 대화할 수 있는 이유가 소리를 선택적으로 집중해서 받아들이는 능력이 있기 때문이라고 설명합니다. 2012년 미국의 한 연구팀이 두뇌 스펙트럼 사진을 통해 이 현상을 과학적으로 입증하여 《네이처Nature》에 게재했습니다.

아울러, 대중교통 이용 중에 앞서 말한 상황을 자주 경험하는 사람은 같은 노선을 반복해서 이용하는 사람일 확률이 매우 높습니다. 경험을 통해서 언제 내려야 할지 알아차리는 데 익숙하고, 내려야 하는 때와 장소의 조건을 기억합니다. 많은 사람이 한꺼번에 내리는 역이라든지, 터널을 빠져나온 직후의 정류장이라든지, 이런 점들이 잠에서 깰 때의 힌트가 될 수 있습니다.

위와 같은 상황이 발생하는 정확한 메커니즘은 아직 밝혀지지 않았으나, 어느 정도 신빙성 있는 자료를 통해 궁금증이 약간은 해소됐으리라고 생각합니다.

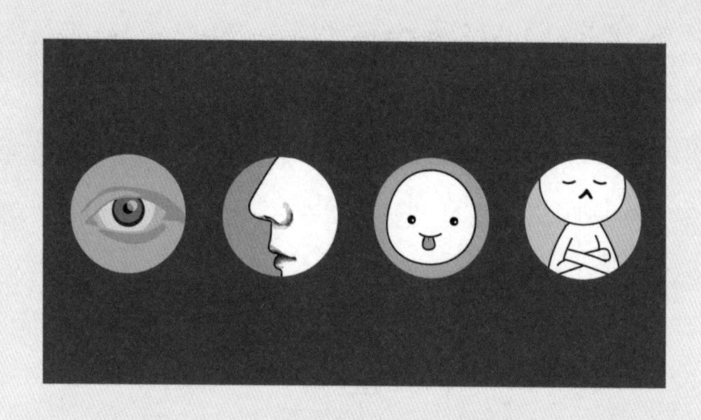

아, 왜 그런 얘길
해 가지고...!
신경 쓰이잖아!!

07

왜 우리는 눈 깜빡임을 인지하지 못할까?

눈꺼풀이 내려갔다가 올라오는 과정을 눈 깜빡임이라고 하며, 성인은 분당 15~20회가량 눈을 깜빡입니다. 눈 깜빡임은 순식간에 일어나지만, 엄밀히 말하면 눈을 감고 뜨는 두 개의 단계로 나눌 수 있습니다. 눈을 감으면 아무것도 보이지 않고, 눈을 뜨면 보입니다. 그렇다면 눈을 깜빡이는 중에 순간적인 암전이 발생할 텐데, 우리는 왜 그 사실을 눈치채지 못할까요? 어떻게 항상 눈을 뜨고 있는 것처럼 사물을 연속적인 장면으로 볼 수 있는 걸까요?

여러 연구 자료에 따르면 눈 깜빡임의 속도는 약 100~150msec (1msec=1/1,000초)라고 합니다. 단지 속도가 너무 빨라서 인지하지

* 이 글은 김의사박사 님(의사, 유튜브 채널 '김의사박사의 이해하는 의학/과학 이야기' 운영)의 투고를 바탕으로 재구성했습니다.

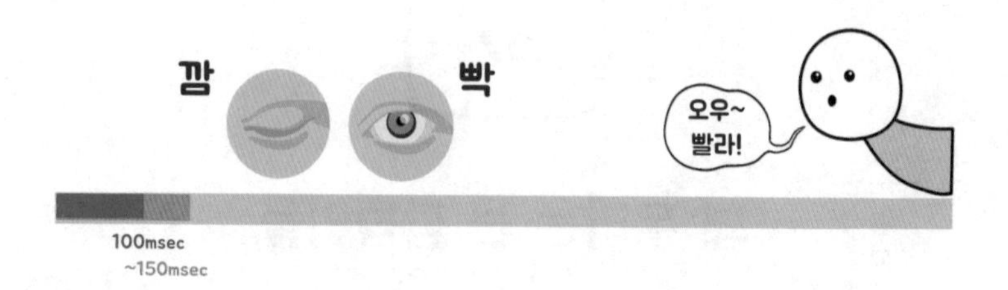

못하는 걸까요? 아직 명확히 밝혀진 내용은 아니나 이와 관련해 상당히 많은 연구가 진행됐습니다.

그중에서 2005년 국제 학술지 《커런트 바이올로지 *Current Biology*》에 게재된 논문을 먼저 보면 좋을 것 같습니다. 이 논문은 눈 깜빡임 중 암전을 인지하지 못하는 이유가 눈을 감는 순간에 뇌가 시각 중추의 활동을 억제하기 때문이라고 주장합니다.

기능적 자기공명영상fMRI 장비를 이용해 뇌 활동의 변화를 관찰했더니, 시각 피질을 비롯해 사람이 의식적으로 무언가를 바라볼 때

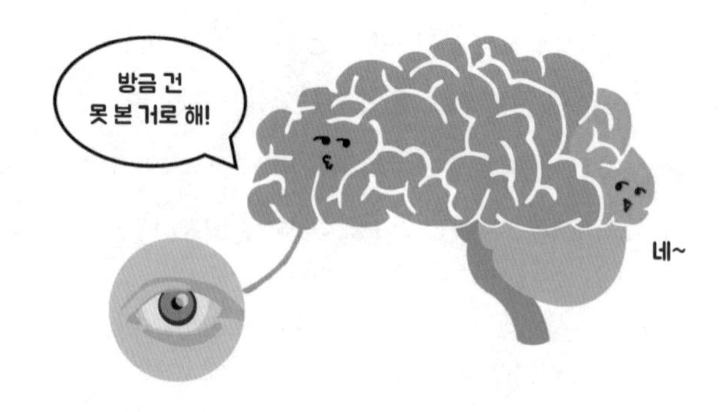

활성화되는 뇌 영역인 두정엽과 전전두엽의 활동이 눈을 깜빡일 때 감소하는 것이 확인되었습니다. 즉, 사람이 눈을 무의식적으로 깜빡일 때 시각 중추의 활동이 억제된다는 것을 증명한 겁니다. 덕분에 우리는 눈 깜빡임을 인지하지 않고, 세상을 연속적인 장면으로 볼 수 있습니다.

이어서 2015년 《커런트 바이올로지》에 게재된 다른 논문을 보면 아주 흥미로운 실험을 진행합니다. 연구팀은 12명의 피실험자를 암실에 넣고 컴퓨터 화면에 있는 한 점을 응시하도록 한 뒤, 피실험자가 눈을 깜빡이는 순간에 컴퓨터 화면의 점을 오른쪽으로 1센티미터씩 이동시켰습니다. 그리고 적외선 카메라를 이용해 눈의 움직임과 깜빡임을 실시간으로 촬영했습니다.

만약 피실험자가 눈을 계속 뜨고 있었다면 점의 이동을 눈치챘을 것입니다. 하지만 눈을 깜빡이는 순간에 점을 이동시키자 변화를 알아차리지 못했습니다. 왜냐하면 뇌가 안구 근육을 조절해서 눈을 떴을 때와 감았을 때의 미세한 차이를 바로잡아 줬기 때문입니다. 여기서 놀라운 점은 같은 실험을 반복하자 이를 예측해서 안구 근육을 조절하는 반응도 보였다는 것으로, 이런 작용 덕분에 우리가 눈 깜빡임에도 사물을 연속적으로 볼 수 있는 것이라고 설명합니다. 또한 2018년에 《커런트 바이올로지》에 실린 유사한 내용의 논문에 따르면 단기 기억에 관여하는 뇌 영역인 내측 전두엽 피질이 눈을 깜빡이기 전과 후의 순간을 이어 준다고 합니다.

끝으로 2019년에 발표된 논문은 눈을 깜빡일 때는 시각 처리 기능뿐만 아니라 시간 감각도 사라진다고 주장합니다. 연구팀은 각각 22명의 피실험자를 대상으로 시각 실험을, 23명의 피실험자를 대상으로 청각 실험을 진행했습니다. 시각 실험은 피실험자들에게 흰색의 원 2개를 각각 0.6초와 2.8초 동안 보여 준 다음에 새로운 원을 보여 줍니다. 그리고 마지막에 보여 준 원의 지속 시간이 0.6초와 2.8초 중 어느 쪽에 가까운지 물어보자, 마지막 원이 나타나는 순간에 눈을 깜빡인 사람은 0.6초에 가까웠다고 대답합니다. 이 말은 눈을 깜빡인 시간만큼 감각을 수용하는 시간도 짧게 판단한다는 뜻입니다.

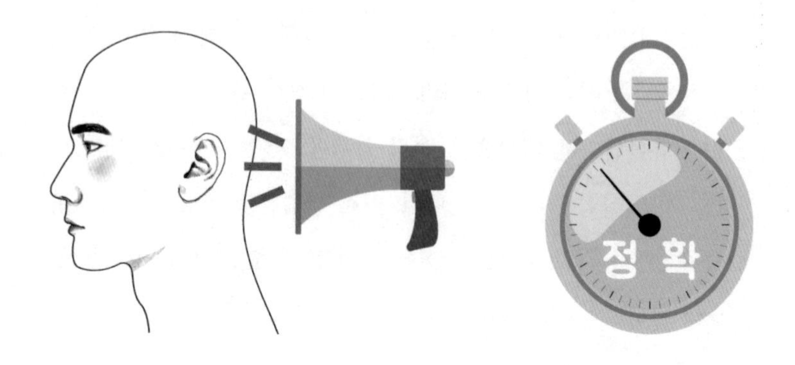

그런데 청각 실험의 결과는 조금 달랐습니다. 흰색의 원 대신 소리를 들려주고 피실험자의 안구 위치와 동공 크기 등을 측정했는데, 눈 깜빡임의 영향을 받지 않았습니다. 즉, 청각 정보로는 시간을 정확히 판단했으나 시각 정보로는 눈을 깜빡인 만큼 시간이 짧아진 것으로 판단해서 눈 깜빡임의 순간을 무시할 수 있도록 했다는 것입니다.

의식하는 순간 부자연스러워지는 눈깜박임

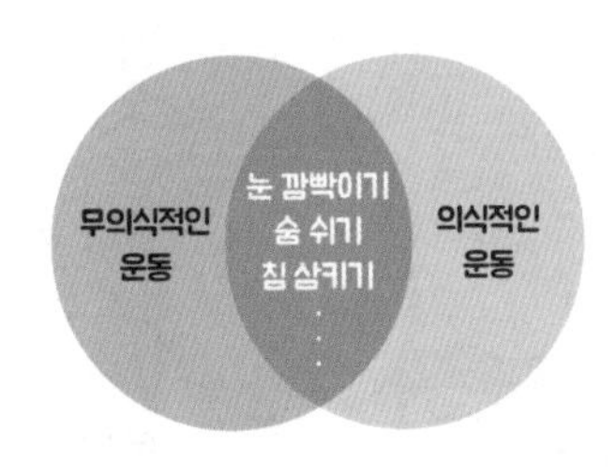

눈 깜빡임을 비롯해서 호흡, 혀의 위치, 침 삼킴 등은 왜 의식하는 순간 부자연스러워지느냐는 질문이 많이 옵니다. 의학적인 지식을 통해 유추해 보면, 위와 같은 행동들은 무의식적인 운동과 의식적인 운동이 모두 가능하다는 점에서 이러한 기능을 담당하는 뇌간이 매우 중요하게 작용한다는 사실을 알 수 있습니다.

우리가 호흡하거나 침을 삼키는 행동은 의식하지 않아도 감각 정보가 뇌간으로 들어오면 반사적인 반응으로 이루어집니다. 만약 이런 반응이 없다면 의식적으로 행동해야 할 텐데, 생명 유지에 늘 필요한 기본적인 신체 활동을 매번 의식하며 행동하는 것은 매우 비효율적이므로 뇌에서 무시하는 것으로 추정할 수 있습니다.

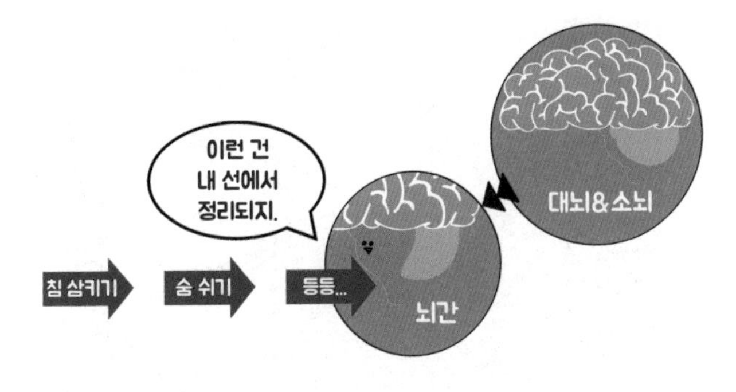

영차~
쑤~욱

무사히 탈출!
헤헤....

나온 김에 바람 좀 쐬러 가 볼까!
자~ 떠나자~
어... 어디 가...?

08

유체 이탈은 실제로 일어나는 현상일까?

유체 이탈은 사람의 육체와 영혼이 분리되어 육체 밖의 세상을 인지하는 것처럼 느껴지는 현상을 말합니다. 워낙 신비로운 현상이라서 그런지 영화나 책 등에서 소재로 많이 쓰였고, 덕분에 모르는 사람이 없는 현상입니다.

믿기지는 않으나 이 현상을 경험해 본 사람의 비율은 전체 인구의 5~10% 정도라고 합니다. 또한, 유체 이탈은 잠들어 있을 때보다는 깬 상태로 누워 있을 때 경험하는 경우가 대부분이라고 알려졌습니다. 즉, 꿈을 꾼 것이 아니라는 것인데, 유체 이탈은 실제로 일어나는 현상일까요?

* 이 글은 장현우 님(카이스트-KAIST-바이오및뇌공학과 졸업, 의식과학 연구자)의 투고를 바탕으로 재구성했습니다.

유체 이탈이 정말 가능하다면 유체 이탈을 할 수 있다는 사람을 밀폐된 공간에 격리해 놓아도, 공간 밖에서 다른 사람이 적은 글자를 맞힐 수 있어야 합니다. 정말 육체와 영혼이 분리되어 육체 밖의 세상을 인지할 수 있으면 영혼이 공간 밖으로 나와서 볼 수 있을 테니 말입니다.

이와 관련해 1968년에 진행한 실험에서 테스트를 통과한 사람이 있었는데, 실험자가 졸고 있을 때 몰래 확인한 것으로 보이는 정황이 있어서 확실하지 않습니다. 해당 경우를 제외하고 이외의 많은 연구에서 테스트를 확실하게 통과한 사람은 아직 없습니다.

그렇다면 유체 이탈은 거짓일까요? 10명 중 1명이 경험한다고 했는데, 무시하기에는 어려운 수치라 의문이 듭니다. 그래서 메커니즘을 밝히기 위한 연구가 진행됐고, 완벽하지는 않아도 어느 정도 설명할 수 있게 됐습니다.

답은 뇌에 있습니다. 뇌는 시각 정보와 촉각 정보, 몸속 느낌 정보

등을 서로 다른 부위에서 각자 처리한 다음에 그 정보를 한꺼번에 모아서 '나'라는 존재를 인식합니다. 이러한 정보를 처리하는 뇌는 크게 대뇌, 소뇌, 뇌간의 세 부분으로 구분할 수 있고, 이 중 대뇌 표면을 구성하는 회백질로 이루어진 바깥층 부분을 대뇌 피질이라고 합니다.

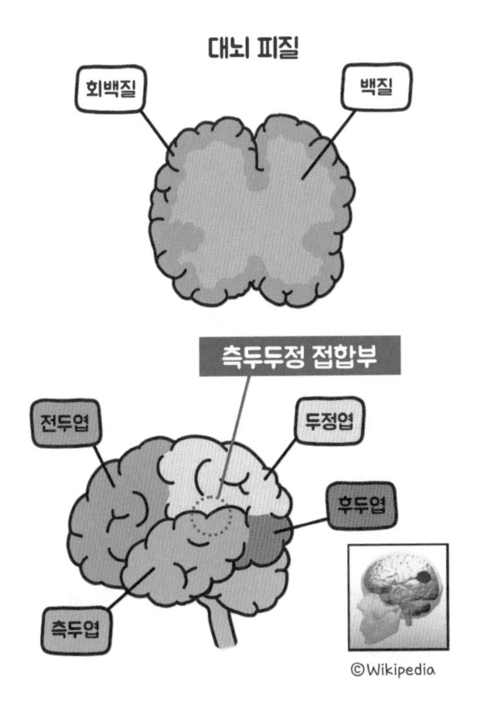

대뇌 피질은 위치에 따라서 전두엽, 두정엽, 측두엽, 후두엽의 네 개의 엽으로 구분하는데, 앞서 뇌에서 여러 정보를 한꺼번에 모아서 처리한다고 했습니다. 모이는 곳 중의 한 곳이 바로 측두엽과 두정엽이 만나는 부위인 측두두정 접합부TPJ, Temporoparietal junction입니다.

그런데 흥미로운 점은 측두두정 접합부에 전기 자극을 가했을 때 유체 이탈이 일어나는 듯한 느낌을 받는다고 합니다.

또한, 반복적인 발작을 특징으로 하는 만성적인 뇌 장애 증상인 뇌전증 환자의 경우, 측두두정 접합부에 발작이 일어났을 때 유체 이탈을 경험했다고 합니다.

이를 통해 과학자들은 바깥세상에 대한 정보와 내 몸에 대한 정보가 측두두정 접합부에서 결합하는 것으로 추정했고, 이 부위에 문제가 생겼을 때 유체 이탈을 경험할 수 있게 되는 것으로 보고 있습니다.

이외에도 정신적 외상을 겪었을 때나, 감각 이용에 결함이 생겼을 때, 죽음에 가까워진 상태를 느끼는 임사 체험을 할 때 등에서도 유체 이탈이 유도된다고 합니다.

여기까지 주제의 의문은 해결했고, 현대인의 경우 인공적으로 유체 이탈을 경험할 수도 있습니다. 바로 가상현실VR, Virtual Reality을 이용하는 것으로, 등 뒤에 나를 찍는 카메라를 달고 VR을 통해 그 모습을 송출해 주면 됩니다. 본인의 뒷모습을 보는 상태로 시간이 지나면 화면에 보이는 대상을 자기 자신으로 느끼는데, 일종의 유체 이탈이라고 할 수 있습니다.

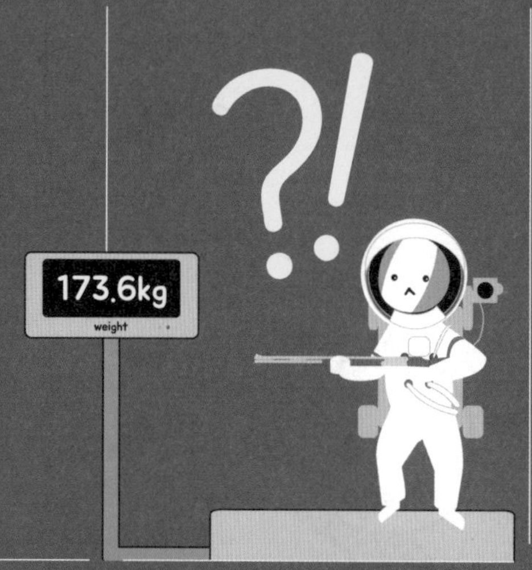
?!
173.6kg
weight

2부

엉뚱하고 흥미진진한
궁이 실험실

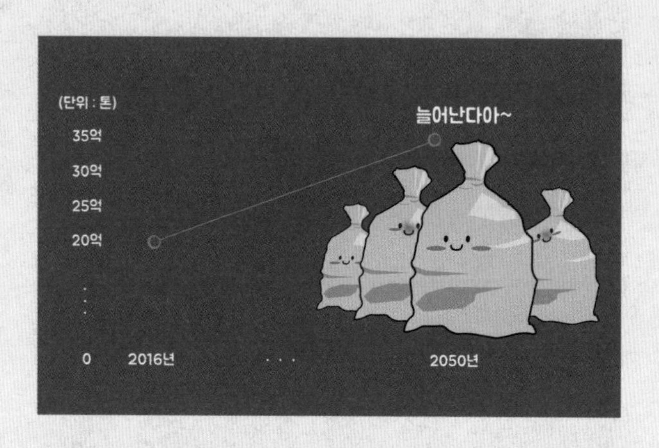
(단위 : 톤)
35억
30억
25억
20억
0
2016년
2050년
늘어난다아~

지구는
우리가 정복한다.

09

화산에 쓰레기를 처리하면 안 될까?

세계은행이 발간한 보고서에 따르면 2016년 20억 톤이었던 전 세계 쓰레기 배출량이 2050년에는 34억 톤으로 늘어날 것이라고 합니다.

이런 충격적인 소식에도 많은 사람이 무감각한 이유는 쓰레기를 배출하는 데 그다지 불편을 느끼지 못하고 있기 때문입니다. 실제로 우리는 쓰레기를 버리는 것에 별다른 제약을 받지 않습니다. 더 나아가서 우리가 버린 쓰레기의 일부는 재활용하고 있으니 큰 문제는 없을 것이라고 믿습니다. 하지만 어떤 쓰레기는 재활용할 수 없을뿐더러 사라지게 할 수도 없습니다. 인류는 이런 쓰레기를 어떻게 처리하고 있을까요?

일부 선진국은 개발 도상국에 돈을 주고 쓰레기를 처리하기도 합니다. 우리나라도 법령에 의해 수출이 가능하다고 명시하고 있습니다.

폐기물의 국가 간 이동 및 그 처리에 관한 법률

1. 국내에서 해당 폐기물을 환경적으로 건전하고 적정하게 처리하기 위하여 필요한 기술과 시설을 가지고 있지 아니한 경우.
2. 해당 폐기물이 수입국의 재활용을 위한 산업의 원료로 필요한 경우.

물론 돈을 주고 처리할 능력이 없으면 자국의 토지 어딘가에 쓰레기를 매립하거나 바다에 버리기도 합니다. 하지만 계속 이렇게 처리하는 것은 한계가 있을 겁니다.

그러면 쓰레기를 화산에 버리는 건 어떨까요? 뜨거운 마그마가 쓰레기를 모두 녹여 없애 주지 않을까요?

결론부터 말하면 불가능합니다. 지구 내부에 있는 마그마의 온도는 섭씨 700~1,200도입니다. 결코 낮은 온도는 아니지만, 일부 쓰레기는 이 온도에서도 녹지 않습니다. 참고로 지상에 돌출된 화산의 60퍼센트를 차지하는 성층 화산은 마그마를 밀어 올리는 성질이 있어서 녹지 않은 쓰레기가 바닥에 가라앉지 않을 수 있습니다. 즉 용암과 쓰레기가 뒤섞여 있게 되겠지요. 이때 화산이 폭발하기라도 하면 어떻게 될까요?

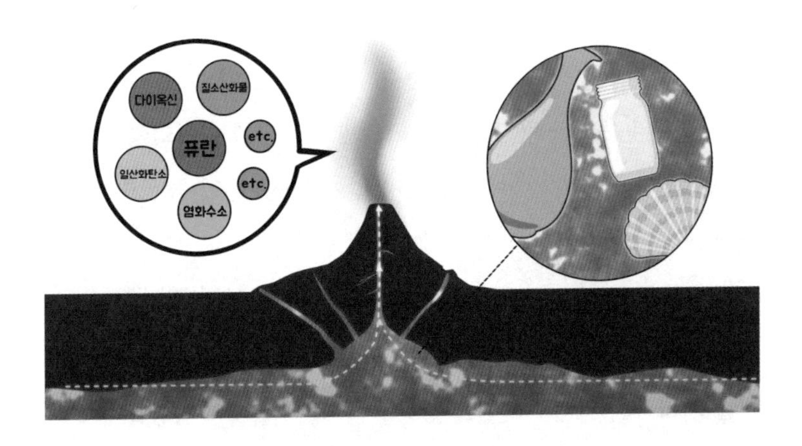

이 외에도 화산에 쓰레기를 처리할 수 없는 이유는 많습니다. 화산에 쓰레기를 버리는 행위는 인간의 통제를 벗어난 소각 방법입니다. 쓰레기가 마그마에서 연소하면서 배출하는 다양한 유독 가스는 대기 중에 노출되면 대기 오염을 일으킵니다.

이 점은 기존의 쓰레기 소각장도 마찬가지가 아니냐는 의문이 생

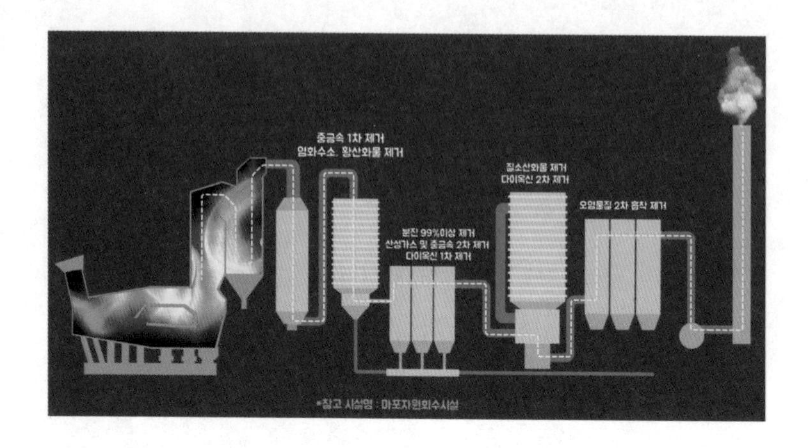

길 수 있습니다. 실제로 쓰레기 소각장의 온도는 섭씨 870~1,200도로 마그마의 온도와 비슷합니다. 하지만 소각장에서 처리할 경우에는 유독 가스가 대기 중에 노출되지 않게 막을 수 있다는 차이점이 있습니다.

게다가 현재 지구상에 활화산은 그렇게 많지 않습니다. 그에 비해 인간이 버리는 쓰레기의 양은 엄청나므로 감당할 수가 없고, 쓰레기를 처리하기 위해 활화산에 접근하는 것 또한 매우 위험합니다.

그렇다면 우주에 쓰레기를 버리는 것은 어떨까요? 사실 우주에는 이미 쓰레기가 많습니다. 우리가 생각하는 일반 쓰레기가 아니라 수명이 다한 위성이나 로켓 파편이 무수히 버려졌습니다.

이 우주 쓰레기를 처리하는 것만으로도 골머리를 앓고 있는데, 지구에서 발생한 쓰레기까지 우주에 버린다는 것은 실현 가능성이 없습니다.

물론 가장 큰 문제는 쓰레기를 우주로 이동시키는 비용이 만만치 않다는 점입니다. 《BBC》 기사에 따르면 아리안 V Ariane V 로켓을 이용했을 때 쓰레기 1킬로그램당 약 41,000달러의 비용이 들어갈 것이라고 합니다. 이 돈을 들일 바에는 어떻게든 지구 안에서 쓰레기를 처리하는 것이 더 합리적이므로 시도하지 않는 것입니다.

우주에서 총을 쏘면
어떻게 될까요?

1분 후에 계속....
아 뭐야!!

10

우주에서 총을 쏘면 어떻게 될까?

연소가 일어나기 위해서는 산소가 필요한데, 우주는 진공 상태이므로 산소가 없습니다. 이런 이유로 많은 사람이 우주에서 총을 쏘면 연소가 일어나지 않을 것이고, 화약에 불이 붙지 않으니 격발할 수 없을 것이라고 생각합니다. 하지만 우주에서도 총은 발사됩니다. 어떻게 화약에 불을 붙이지 않고 총을 쏜다는 걸까요?

그 비법은 총알에 있습니다. 총알의 단면을 보면, 하단에는 뇌관이 있고 그 위에 추진체인 장약이 있으며, 또 그 위에는 실제 총을 쏘면 나가는 발사체인 탄자가 있습니다. 이러한 부품을 전체적으로 둘러싸서 밀폐한 것을 탄피라고 합니다.

산소 없이 격발할 수 있는 이유는 장약에 이미 산소가 포함되어 있기 때문입니다. 총의 공이치기가 뇌관을 타격하면 장약의 구성분

인 질산 칼륨이 점화되고, 총알 내부의 산소가 가스 상태로 변해 공급됩니다. 불, 산소, 화약 등 총을 격발할 수 있는 조건을 모두 충족했으므로, 외부 환경이 어찌 됐든 총알은 뇌관을 타격하기만 하면 발사됩니다. 이와 같은 맥락에서 물속에서도 총을 쏠 수 있습니다. 다만, 물의 저항으로 총알이 얼마 못 가 힘을 잃고 바닥으로 떨어질 테지만 말입니다.

총알을 이렇게 만든 이유는 물에 젖었을 때도 사용할 수 있게 하기 위해서입니다. 전쟁 중에 비가 온다고 총을 못 쏘게 되면 낭패이므로, 이런 일이 없도록 만든 것입니다.

그렇다면 우주에서 총을 쐈을 때는 어떤 일이 발생하게 될지 한번 알아보도록 하겠습니다.

먼저 우주에서 총을 쏘기 위해서는 우주복이 필요합니다. 우주복의 무게는 100킬로그램으로 하고, 우주인의 몸무게는 70킬로그램으로 가정하겠습니다. 총의 무게는 3.6킬로그램, 총알의 무게는 40그램으로 놓고, 총을 쐈을 때 약 초속 600미터의 속도로 날아간다고 설정하겠습니다.

이때 총알의 운동량(=질량×속도)을 계산하면 24Ns(=0.04kg×600m/s)입니다. 그리고 우주복을 입고 총을 든 우주인의 무게는 173.6킬로그램이므로, 총을 쏘면 작용과 반작용의 법칙에 의해 우주인의 몸은 초속 13.8센티미터[(0.04kg×600m/s)÷173.6kg=0.138m/s]의 속도로 천천히 뒤로 움직이게 됩니다.

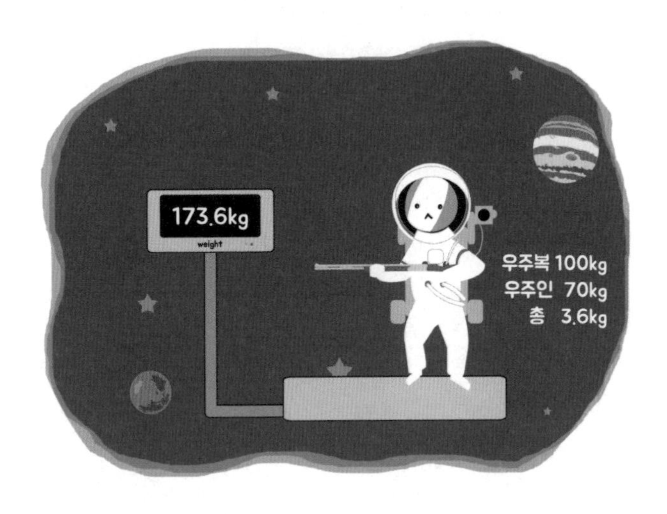

그렇다면 총알은 어떻게 될까요?

총알이 날아가는 과정에 무언가와 부딪치지 않는다면 이론적으로는 처음 발사된 속도 그대로 계속 날아갈 겁니다. 우주에는 극미량의 원자가 있어서 총알을 막을 수 있다는 의견이 있으나 사실상 무의미하다고 보므로 논외로 하겠습니다.

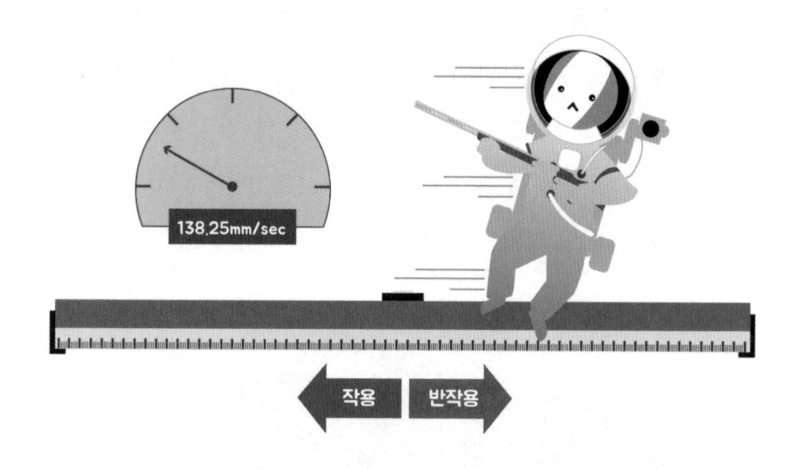

자, 그럼 총알은 우주 끝에 도달할 수 있을까요?

일단 인간이 우주에 관해서 아는 사실이 별로 없습니다. 그래도 과학자들이 밝혀낸 사실에 따르면 우주는 팽창하고 있습니다. 우주의 팽창 속도를 구한 값은 70(km/s)/Mpc이라고 하는데, 1Mpc(천문학적 거리 단위로 약 326만 광년에 해당) 거리에 있는 천체가 초속 70km의 속도로 후퇴한다는 뜻입니다.

쉽게 말해서 총알보다 훨씬 빠른 속도로 우주가 팽창하고 있으므로 총알은 우주 끝에 도달할 수 없을 겁니다.

하하하하
나 잡아 봐라~
우주의 끝
으아아악
잡히면
가만 안 돼!

집에...가자고....
우와아아아아앙
이예이이이이

Wow

11

그네 타기로 360도 회전을 할 수 있을까?

그네는 높은 기둥이나 큰 자연목에 두 가닥의 줄을 매고, 줄의 맨 아래 끝에 밑신개(발판)를 달아 놓은 기구를 말합니다. 고려 말기부터 전해 오는 전통 놀이 기구로 주로 단옷날에 타곤 했으며, 현대에 와서는 미끄럼틀, 시소 등과 함께 놀이터에서 흔히 볼 수 있는 놀이 기구가 되었습니다.

그네의 발판 위에 서거나 앉은 상태에서 앞뒤로 몸을 흔들면 진자 운동을 하듯이 움직일 수 있습니다. 발판에 반동을 주면 움직임이 커지며 높이 올라갑니다. 그러다 어느 정도 높이까지 올라가면 많은 사람이 두려움을 느끼고 반동을 멈춥니다.

여기서 의문이 생깁니다. 만약 멈추지 않고 그네의 발판에 계속해서 반동을 준다면 점점 더 높이 올라가서 360도 회전까지 할 수 있지 않을까요? 의문을 해결하기 위해서 그네를 타는 방법부터 구체적으로 살펴보겠습니다.

서서 그네를 탈 때는 무릎을 굽혔다가 펴는 행동을 반복해서 반동을 주어야 합니다. 무릎을 아무 때나 굽혔다 펴면 안 되고, 그네의 속도가 가장 느릴 때, 즉 발판이 가장 높은 지점에 있을 때 굽혔다가, 그네의 속도가 가장 빠를 때, 다시 말해 발판이 가장 낮은 지점에 있을 때 펴 줘야 합니다. 그 결과 무릎을 펼 때 생긴 위치 에너지가 무릎을 굽힐 때 운동 에너지로 전환되면서 그네가 앞뒤로 움직이게 됩니다.

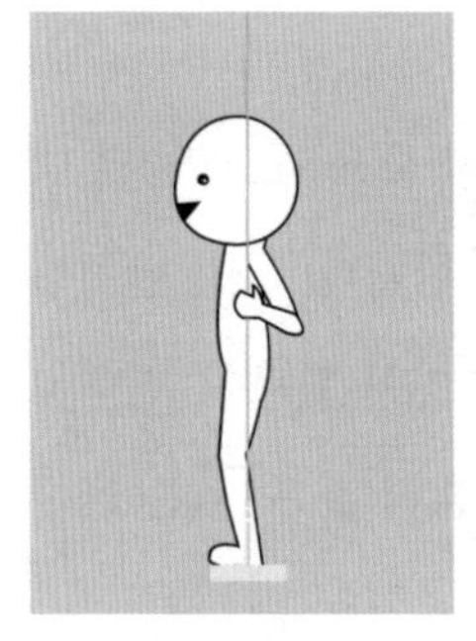

무릎을 폈을 때
위치 에너지가 생긴다.

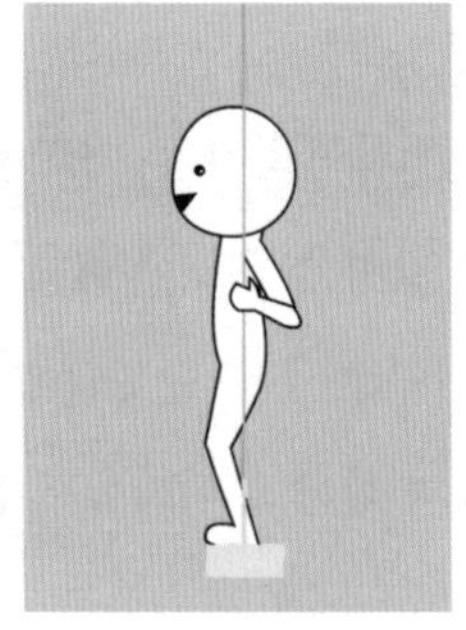

무릎을 굽히면
운동 에너지가 생긴다.

발판이 가장 높은 지점에 있을 때
무릎을 굽혀 위치 에너지를
운동 에너지로 바꾸어 준다.

그렇다면 이 행동을 계속 반복해서 움직임을 크게 만들면 360도 회전도 할 수 있지 않을까요? 이론상으로는 가능합니다. 다만, 몇 가지 조건이 필요합니다.

먼저 그넷줄은 모양이 변하지 않는 튼튼한 봉으로 되어 있어야 합니다. 그리고 탑승자가 봉을 손으로 잡았을 때 절대 놓치면 안 되고, 발도 발판에 붙어서 떨어지면 안 됩니다.

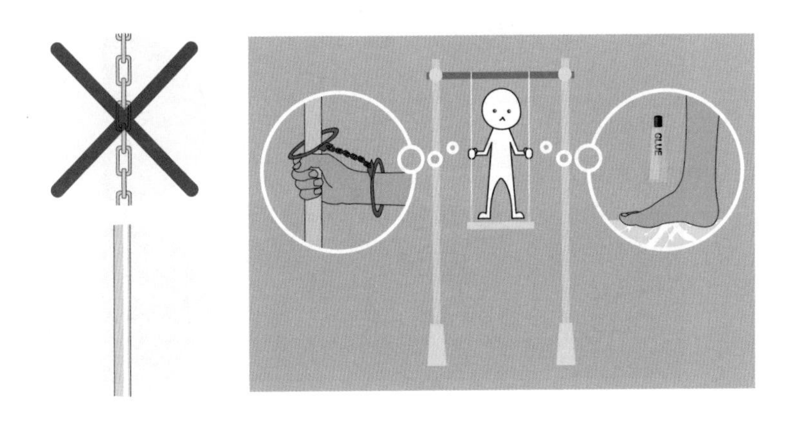

위 조건을 갖춘 다음에 구심 가속도를 중력 가속도보다 강하게 한다면 그네는 중력을 거스르고 360도 회전을 할 수 있습니다. 이러한 그네가 실제로 만들어지기도 했습니다. 하지만 이는 위와 같은 조건을 갖췄기에 가능한 일이므로 일반 그네로는 시도하지 말길 바랍니다.

이런 조건이 갖춰지지 않은 상태에서 360도 회전을 시도한다면 그네의 발판이 일정 높이(시계 11시쯤)에 올라갔을 때 줄이 접히면서 탑승자가 추락할 위험이 있습니다.

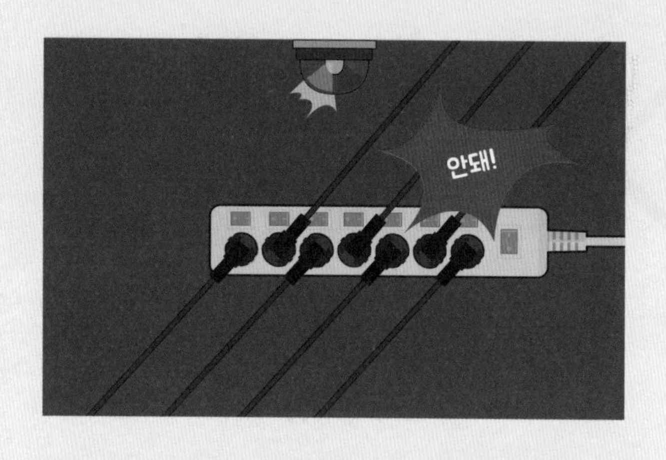
안돼!

주의 사항
-AC 250V, 16A 정격 용량을 준
-전체 사용 용량 2,800W 이하에
-각 1구 콘센트당 소비 전력은 1,2
-습기, 먼지가 없는 곳에서만 사용
에어컨, 전기 난로, 모터가 장착
은 제품은 벽면 콘센트를

12

멀티탭에 멀티탭을 계속 연결하면 장거리에서도 사용할 수 있을까?

여러 개의 플러그를 하나의 콘센트에 꽂을 수 있게 만든 멀티탭은 콘센트가 부족하거나 전자 기기로부터 거리가 멀어 닿지 않을 때 사용하는 제품입니다. 멀티탭의 길이는 다양하지만, 가정에서 사용하기에는 3미터 정도면 충분합니다. 그런데 멀티탭에 멀티탭을 연결하는 방식으로 계속해서 길이를 늘이면 장거리에서도 사용할 수 있을지 궁금하지 않으신가요?

물론 장거리에 있는 콘센트를 사용할 수 있도록 해 주는 '리드선'이라는 제품이 있어서 굳이 여러 개의 멀티탭을 연결할 필요는 없으나 지적 호기심 해결을 위해 알아보겠습니다.

* 이 글은 김명진 님(『김기사의 e-쉬운 전기』 저자)이 투고한 원고를 바탕으로 재구성했습니다.

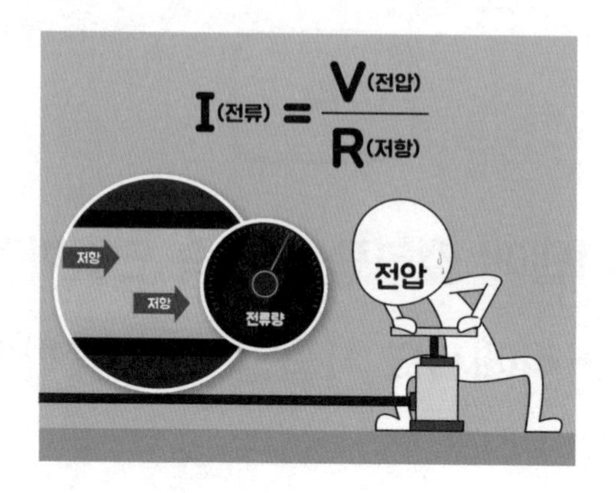

의문을 해결하기 위해서는 먼저 **전압 강하**를 이해해야 합니다. 전압 강하는 전류가 전선을 타고 이동하면서 저항을 만날 때마다 옴의 법칙만큼 전압의 크기가 낮아지는 현상입니다.

전압(V), 전류(I), 저항(R) 사이의 관계를 설명하는 **옴의 법칙**은 주로 V=IR이라는 공식으로 접했을 것입니다. 이해하기 쉽게 이 공식을 I=V/R로 바꾸면, 전압이 높고 저항이 낮을수록 더 많은 전류를 흘려 보낼 수 있다는 사실을 보여 줍니다.

저항은 다시 다음과 같은 공식으로 설명할 수 있습니다.

$$\text{저항} = \rho \frac{L}{A} \Omega$$

위의 식에서 ρ는 재질의 고유 저항값을 말합니다(그리스어로 '로'라고 읽습니다). L은 전기가 흐르는 도체의 길이, A는 전기가 흐르는 도체의 단면적입니다. 즉, 길이(L)가 길어지고 단면적(A)이 작아질수록 저항은 커집니다.

따라서 여러 개의 멀티탭을 연결해 전기가 이동하는 거리를 늘리면 저항이 커지므로, 최초의 멀티탭에 220볼트의 전기를 공급했어도 거리가 멀어짐에 따라 그보다 떨어진 전압으로 사용하게 됩니다.

그러면 모터를 사용하는 선풍기나 드라이어 같은 기기는 출력이 떨어지므로 바람이 약하게 나올 것이고, 일정 이상의 전압을 확보해야 작동하는 컴퓨터나 TV 등의 전자 기기는 아예 전원이 들어오지 않을 수 있습니다.

그렇다면 거리가 구체적으로 얼마만큼 멀어져야 위와 같은 현상이 발생할까요? 이론적으로는 약 60미터부터 전압 강하가 발생할 수 있다고 합니다. 이런 전압 강하를 줄이려면 고유 저항이 낮은 은을 이용한 전선이나 두께가 굵은 전선을 사용하는 등의 방법이 있습니다.

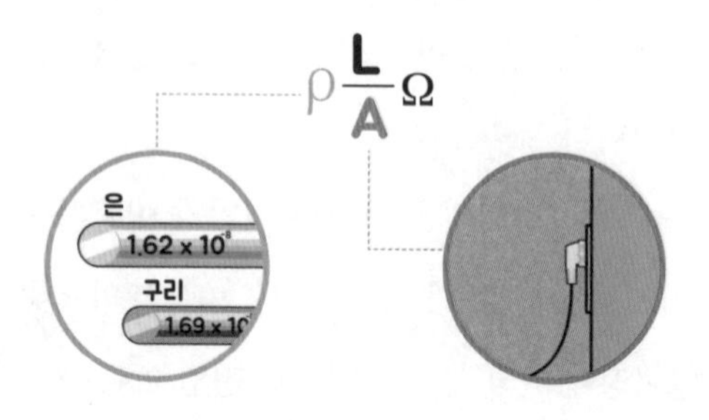

우리가 사용하는 전력은 아래 그림과 같은 수송 과정을 거칩니다. 발전소에서 11,000~20,000볼트로 생산한 전기를 변전소에서 15만 볼트 이상의 초고압으로 변압한 뒤 송전탑을 통해 보내서 장거리를 이동해도 전압 강하가 적게 일어나도록 합니다. 이렇게 높은 전압의 전기가 변전소와 변압기 등을 거친 뒤 가정이나 사무실에 220볼트로 들어오는 것이고, 전봇대 변압기에서 전압 강하를 고려해 220볼트가 아닌 230볼트로 전기를 변압해 가정에 공급합니다. 참고로 전자 기기는 플러스 혹은 마이너스 13볼트(207~233볼트)까지 안전하게 사용할 수 있습니다.

멀티탭이 녹을 수도 있다?

멀티탭을 안전하게 사용하기 위해 꼭 알아 두어야 할 점이 있습니다. 플러그를 많이 꽂을 수 있게 나온 멀티탭이라고 해도 그만큼을 전부 수용할 수 있는 것은 아닙니다. 멀티탭 포장지에 적힌 전체 사용 용량을 지켜야 합니다. 전체 사용 용량이 정해져 있는데도 플러그를 무작정 많이 꽂는다면 멀티탭에 과부하가 가해질 것입니다.

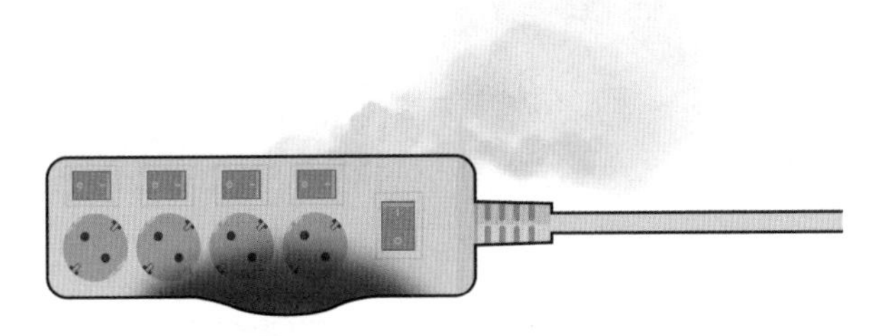

과부하 보호 장치가 있는 제품은 멀티탭이 작동을 멈추겠으나, 그렇지 않은 제품은 흔히 두꺼비집이라고 부르는 분전반 안의 누전 차단기가 내려갑니다. 최악의 경우에는 멀티탭이 녹아 버리는 등의 사고가 발생할 수도 있습니다. 따라서 전자 기기들 각각의 전력 사용량을 파악한 뒤, 그 합이 멀티탭의 전체 사용 용량을 넘지 않도록 써야 합니다.

헉!!

13

높은 곳에서 우산을 들고 뛰어내리면 낙하산 역할을 할까?

낙하산은 공중에서 땅 위로 사람이나 물건을 안전하게 내릴 때 쓰는 기구입니다. 낙하산이 펼쳐져 내려오는 모습을 보면 언뜻 우산과 비슷해서, 낙하산을 우산으로 대체해도 될 것 같다는 생각을 해본 적이 있지 않으신가요?

해외에서 우산을 들고 높은 곳에서 뛰어내리는 실험을 했는데, 그다지 높지 않은 곳에서 뛰어내렸음에도 우산이 공기의 저항으로 인해 뒤집혔습니다. 우리가 일반적으로 사용하는 우산은 방수 천을 얇은 스틸로 된 윗살(우산 천장을 지지하는 살 중에서 가장 힘을 많이 받는 중앙의 살)로 고정하는 방식입니다. 따라서 공기의 저항이 거세지면 우산은 쉽게 뒤집히므로 낙하산으로 사용할 수 없습니다.

만약 우산의 윗살이 아주 튼튼해서 뒤집어지지 않는다면 가능할

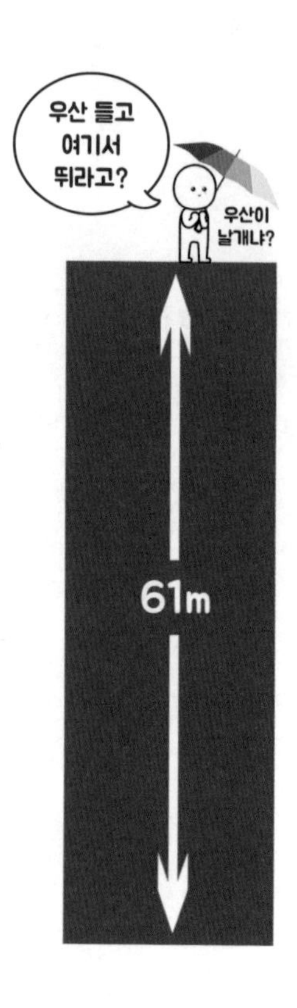

까요?

사물이 높은 곳에서 떨어지면 아래쪽으로 잡아끄는 중력과, 위쪽으로 작용하는 공기 저항력 또는 부력 등 두 가지 방향의 힘이 작용합니다. 그러다 어느 속도에 다다르면 두 힘의 크기가 같아져 속도가 일정해지는데, 이를 **종단 속도**terminal velocity라고 합니다.

사람이 자유 낙하를 할 때의 종단 속도는 자세에 따라 차이가 있으나 일반적으로 시속 180~200킬로미터입니다. 낙하산은 공기 저항을 이용해 종단 속도를 시속 20~30킬로미터까지 줄일 수 있도록 면적을 23~30제곱미터로 만듭니다. 반면에 우산의 면적은 고작 1제곱미터 정도밖에 되지 않으므로 낙하산과 비교했을 때 종단 속도를 거의 줄이지 못합니다.

그렇다면 우산처럼 생겼으나 더 크고 튼튼한 파라솔을 이용하면 가능할까요? 파라솔을 들고 뛰어내리는 실험도 실제로 이루어진 적이 있습니다. 그 결과를 보면, 초반에는 파라솔이 속도를 충분히 줄여준 덕분에 안정적으로 낙하하는 모습을 보였으나 결국 파라솔 천이 버티지 못하고 뜯어져 날아가 버렸습

니다. 이 실험에서는 줄을 연결해 파라솔에 몸을 매달았습니다만, 만약 이런 장치 없이 낙하했다면 손의 악력만으로 자기 체중의 몇 배나 견뎌야 하므로 파라솔 천이 뜯기기도 전에 파라솔을 손에서 놓쳐 버렸을 겁니다.

조건을 더 추가해서 아주 강력한 바람에도 뒤집히지 않으면서, 손에서도 떨어지지 않고, 파라솔 정도 되는 크기의 우산을 들고 뛰어내린다면 가능할까요?

낙하산 종류와 조정 방법, 풍향, 풍속 등에 따라 차이가 있겠으나 일반적으로 낙하산을 메고 낙하하면 시속 15~20킬로미터의 속도로 착지하므로 적지 않은 충격을 받습니다. 그런데 낙하산이 아닌 우산이라면 더 빠른 속도로 추락할 것이므로 위험합니다. 예를 들어 몸무게가 70킬로그램인 사람이 2제곱미터 면적의 우산을 들고 뛰어내린다고 가정하면 종단 속도는 약 시속 60.1킬로미터가 나옵니다. 이 속도는 대략 6층 높이의 건물에서 맨몸으로 뛰어내리는 상황과 비슷합니다.

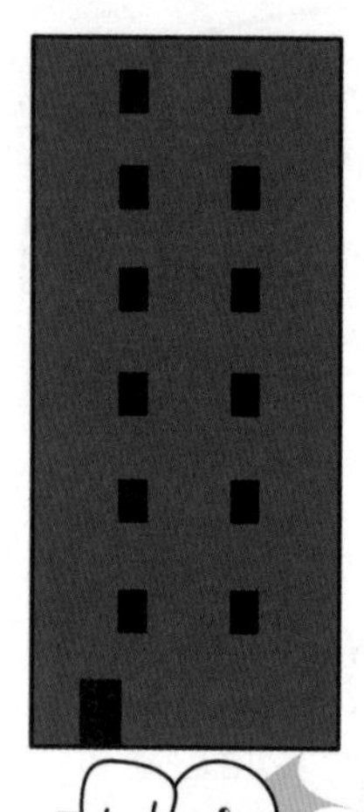

물론 사람의 무게와 우산의 면적, 항력 계수, 공기 밀도 등 변수를 정확하게 고려한 것은 아니므로 추정치일 뿐입니다. 확실한 것은 맨몸으로 뛰어내리는 것보다 우산을 들고 뛰어내리면 비교적 충격을 덜 받지만, 후자도 여전히 매우 강한 충격이므로 생존은 어렵습니다.

최초의 낙하산

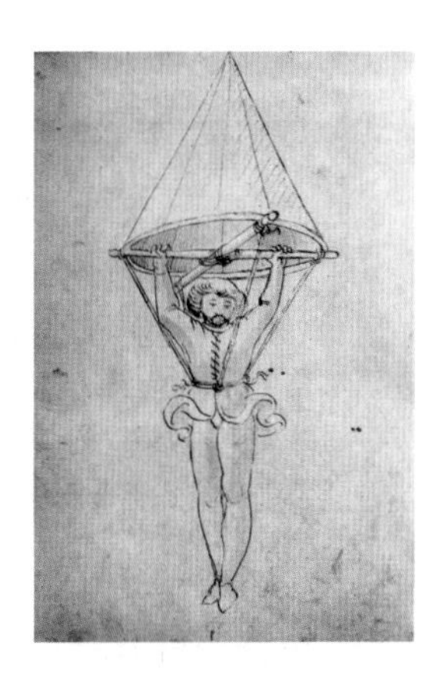

낙하산이라는 개념이 처음으로 등장한 건 르네상스 시대입니다. 1470년경 이탈리아에서 만들어진 설계도가 지금까지 전해지고 있습니다. 이 설계도에는 천으로 공기 저항을 늘림으로써 추락 속도를 늦춘다는 낙하산의 원리가 확실히 드러납니다. 다만, 그 정도 크기의 천이라면 파라솔을 들고 뛰는 것과 별 차이가 없으니 만약 실제 제작해 사용했으면 위험했을 것입니다.

현대적 낙하산은 1912년 러시아에서 처음 등장한 이후 개량을 거듭해 주로 군사적인 목적에 활용되고 있습니다. 현대식 낙하산의 가장 두드러진 특징은 공기 구멍이 존재한다는 점입니다. 구멍과 연결된 줄로 크기를 조절하면 공기 저항을 늘이고 줄일 수 있습니다. 그럼으로써 낙하 속도와 방향을 조절하는 게 가능해졌습니다.

거인이 됐다!!
와우~

무...무거워...!

14

거인이 되면 왜 느리게 움직일까?

앤트맨(Ant-Man)을 아시나요? 마블 코믹스(Marvel Comics)에 등장하는 슈퍼히어로로 특수 슈트를 입으면 몸의 크기를 조절할 수 있는 캐릭터입니다. 개미처럼 조그마해졌다가 공룡처럼 커지는 모습을 보면 참 신기합니다. 앤트맨이 나오는 실사 영화를 보면 그의 몸집이 작아졌을 때와 커졌을 때의 움직임 표현을 살펴볼 수 있는데, 거인이 된 앤트맨은 상대적으로 움직임이 느려 보입니다. 옛날에는 이런 디테일을 잘 살리지 않았으나, 요즘 영화나 만화는 대부분 거인의 움직임을 느리게 묘사합니다. 거인이 되면 정말 느리게 움직이는 걸까요?

* 이 글은 이정진 님(서울대학교 기계공학부 박사과정, 필명 엔너드)이 투고한 원고를 바탕으로 재구성했습니다.

근대 과학의 창시자라고도 불리는 갈릴레오 갈릴레이Galileo Galilei가 1638년에 발표한《새로운 두 과학(Two New Sciences)》이라는 책에서 이 문제에 대한 접근법으로 스케일링scaling 또는 제곱-세제곱 법칙square-cube law을 제시했습니다.

이해를 돕기 위해 정육면체를 예시로 들어 보겠습니다. 정육면체 변의 길이가 2배 길어지면 표면적은 4(=2^2)배, 부피는 8(=2^3)배로 커진다는 것이 이 법칙의 핵심 내용입니다. 이때 물체의 밀도(=질량/부피)가 같다면 부피가 늘어난 만큼 질량도 늘어나야 합니다.

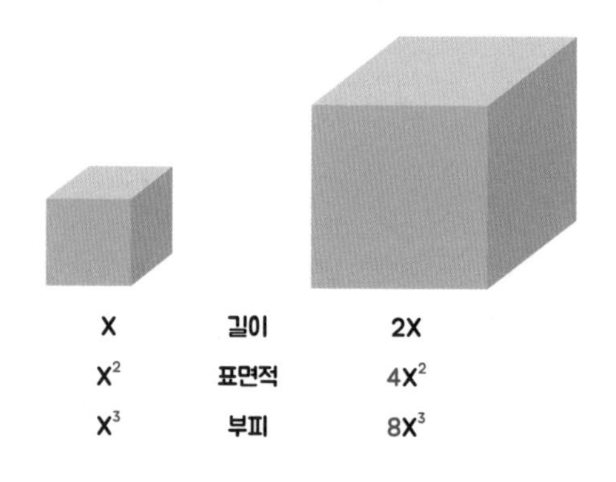

이 내용을 키 178cm(1.78m)에 몸무게가 91kg인 앤트맨에 적용해 보겠습니다. 계산의 편의를 위해 키가 10배 커졌다고 하면, 제곱-세제곱 법칙에 따라 무게는 1,000(=10^3)배가 늘어나 91톤이 됩니다. 여기서 하중을 지지하는 다리 입장에서 따져보면, 상체의 무게가 1,000배나 늘어난 데 비해 다리의 단면적은 100(=10^2)배밖에 늘어나지 않은 셈입니다. 이는 91kg의 앤트맨이 819kg의 추를 들고 서 있을 때, 다리가 앤트맨과 추를 합한 910kg의 무게를 지탱해야 하는 상황과 같습니다.

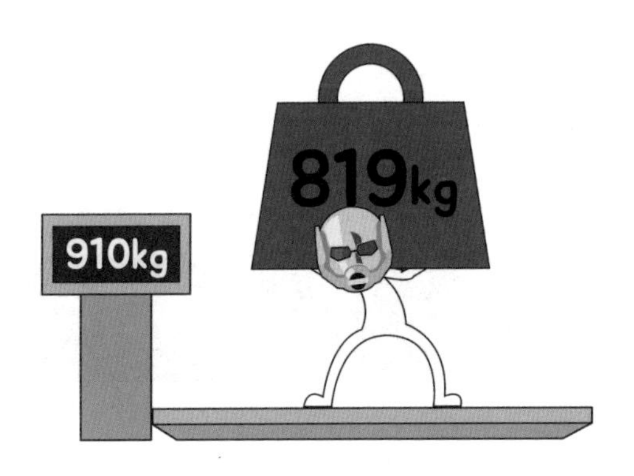

이것은 당연히 불가능한 일로, 사람의 신체가 자랄 수 있는 키에는 한계가 있으므로 우리 몸과 같은 신체 비율을 가진 거인은 현실에 존재할 수 없습니다. 지금까지 발견된 영장류 화석 중에 3m가 넘는 것이 없다는 사실이 그 방증이 될 수 있을 것입니다.

그래도 가능하다고 가정하고 주제의 의문을 해결해 보겠습니다. 1976년 국제 학술지 《네이처 *Nature*》에 게재된 맥네일 알렉산더 R. McNeil Alexander의 논문에서 이에 대한 해답을 찾을 수 있습니다. 알렉산더는 지구상에 존재했던 거인처럼 거대한 동물 중 하나인 공룡의 걸음 속도를 계산한 사람입니다. 우리는 그가 공룡의 걸음 속도를 구한 방식을 거인에 대입해 볼 것입니다.

알렉산더는 쥐, 말, 코끼리처럼 현존하는 동물들의 걸음 속도와 보폭, 몸 크기 등의 변수들로부터 공룡을 포함한 모든 동물에게 적용 가능한 공학적 관계식을 얻을 수 있을 것이라고 생각했습니다. 그리고 이 식에 공룡의 신체 수치를 대입해 걸음 속도도 알 수 있으리라고 생각했습니다.

그는 또한 중력 대비 관성의 크기를 뜻하는 프루드 수Froude number, Fr에 주목했습니다. 프루드 수는 속도와 길이 간의 관계를 아래와 같이 표현합니다.

$$Fr = u^2/gl$$

u: 속도, g: 중력 가속도, l: 특성 길이

이를 동물의 걸음에 적용하면 특성 길이(l)가 다리 길이, 즉 지면으로부터 엉덩이까지의 높이(h)가 됩니다.

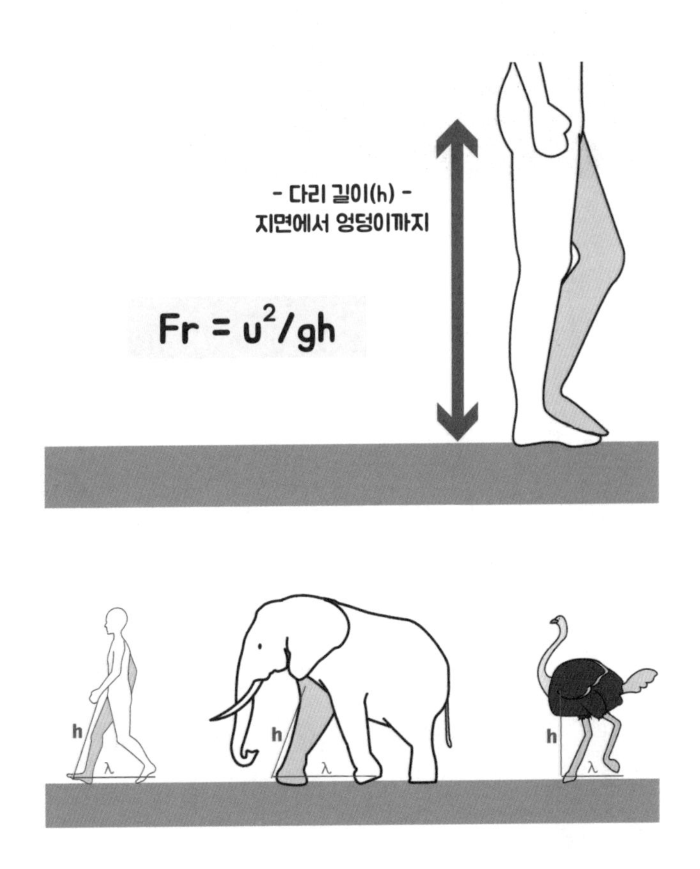

그는 어떤 두 동물이 같은 프루드 수를 가질 때 상대 보폭relative stride length(λ/h), 그러니까 다리 길이(h)에 대한 보폭(λ)의 비율이 유사할 것으로 보았고, 이러한 아이디어를 바탕으로 사람, 코끼리, 타조

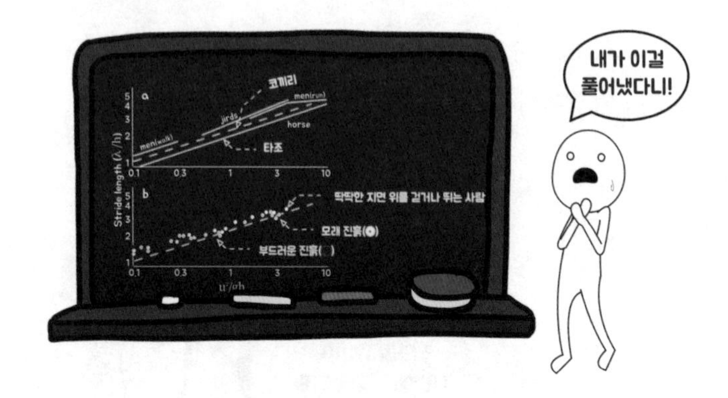

등의 걸음 정보로 그래프를 그려 봅니다. 이를 통해 보폭과 다리 길이를 알면 그 동물의 걸음 속도를 예측할 수 있는 관계식을 구해냅니다.

그는 영국 런던에 있는 자연사 박물관으로부터 공룡 8마리에 대한 뼈 화석과 발자국 화석 등의 정보를 얻은 다음에 이를 토대로 공룡의 걸음 속도를 계산했습니다. 그 결과 공룡의 걸음 속도(3.6~13km/h)가 사람이 걷거나 달리는 속도(5~10km/h)와 비슷하다는 것을 알아냈습니다. 거인도 크게 다르지 않을 것입니다. 이유가 뭘까요?

물리적 관점에서 보면 걸음을 걷기 위해서는 골반을 축으로 다리를 회전시켜야 하며 여기에 둔근이나 종아리 근육 등의 움직임이 필요합니다. 이때 근력은 근육의 단면적에 비례하는데, 제곱-세제곱 법칙에 따라서 몸집이 커지면 다리 무게는 세제곱으로 증가하는 데 비해, 근력은 제곱밖에 증가하지 않습니다.

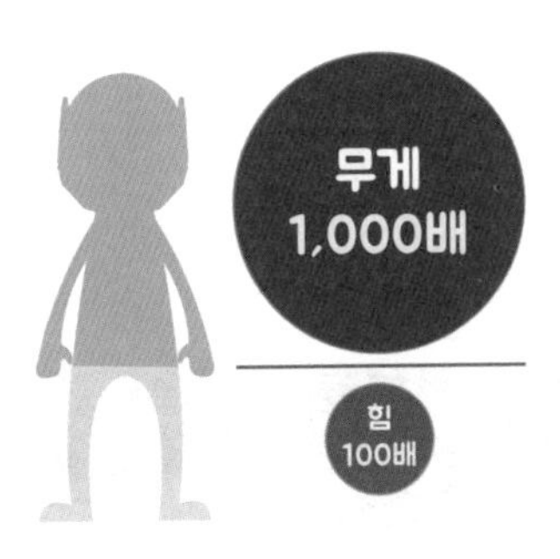

따라서 빠른 속도로 다리를 회전시키기 어렵고, 무거워진 몸집만큼 걸을 때 다리에 가해지는 하중이 커짐에 따라 자세의 안정성과 다리의 지탱 능력에도 문제가 생기므로 천천히 움직일 수밖에 없습니다.

그런데 거인과 일반 사람이 움직이는 속도가 비슷하다고 해도, 몸집과 보폭의 차이에 따라 한 번의 동작으로 이동하는 거리가 다르므로(거인의 한 걸음=인간의 수십 걸음) 거인이 상대적으로 느려 보이는 것입니다.

고춧가루가
꼈나?

거울이 아니라
매직 미러거든.

15

경찰 취조실의 매직 미러는 어떻게 만들어질까?

영화나 드라마에서 경찰이나 검사가 용의자 또는 피의자를 취조하는 장면이 나올 때 지금 말하는 신기한 거울을 확인할 수 있습니다. 이 거울은 한쪽 면은 거울이지만 반대쪽 면은 투명한 유리여서 맞은편 공간에서 취조실 내부를 들여다볼 수 있습니다. 물론 취조실에서는 반대편 공간을 볼 수 없습니다. 어떻게 이런 일이 가능할까요?

이 신기한 거울은 흔히 매직 미러라는 이름으로 불립니다. 많은 사람이 매직 미러에 최첨단 기술이 쓰였을 것이라고 생각하는데, 사실은 매우 단순한 원리입니다.

유리는 이산화 규소에 붕사, 석회석, 탄산 나트륨 등을 첨가하고 섭씨 1600도 이상으로 가열해 녹였다가 굳혀서 만든 것입니다.

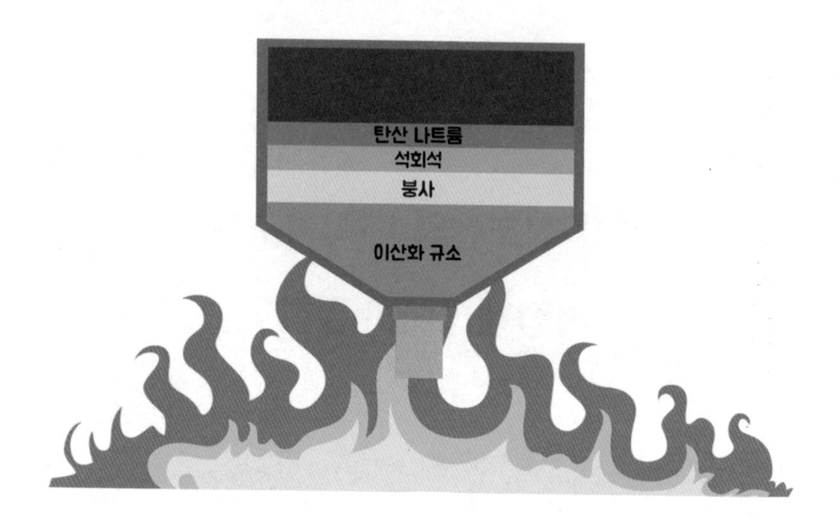

우리가 일상생활에서 접하는 유리는 투명 유리와 불투명 유리가 있습니다. 투명 유리는 빛의 반사도가 낮으므로 투명합니다. 불투명 유리는 두 장의 얇은 유리 사이에 막을 넣어 투과하는 빛의 양을 줄임으로써 투명도를 낮춘 것입니다. 또 불투명 유리는 연마제 등을 이용해 유리 표면을 울퉁불퉁하게 하거나 부식시켜서 난반사를 유도하는 방식으로도 만들 수 있습니다.

일반 거울은 투명 유리의 한쪽 면에 반사 성질이 높은 질산 은이나 알루미늄을 코팅해서 제작합니다. 그런데 은이나 알루미늄 대신에 반사율이 매우 높은 마이크로 판이나 코팅된 필름을 부착하면 반사율이 일반 거울보다 50퍼센트 정도 낮아집니다. 그런 뒤에 거울의 양면에 조명 차이를 주면 매직 미러가 됩니다.

영화나 드라마에서 봤던 취조실을 떠올리면, 취조실 내부를 들여

다보는 반대편 공간은 취조실보다 어둡습니다. 이는 조명 차이를 주기 위해서입니다. 취조실 내부와 외부의 빛은 사방으로 퍼집니다. 만약 취조실 내부의 밝기가 99라고 하면, 49.5는 매직 미러를 통해 취조실 외부로 투과되고 49.5는 내부로 다시 반사됩니다.

한편 어두운 취조실 반대편 공간은 밝기가 1이라고 하면 0.5는 취조실로 투과하고 0.5는 반사됩니다. 취조실은 외부에서 투과되는 빛의 양(0.5)이 매우 적어서 내부의 반사광(49.5)에 묻히므로(반사율〉투과율) 매직 미러가 거울이 됩니다. 반면에 취조실 반대편 공간에서는 반사광(0.5)보다 훨씬 많은 빛(49.5)이 취조실로부터 들어오기 때문에(반사율〈투과율) 매직 미러를 통해 취조실 안을 들여다볼 수 있습니다. 이제 주제의 의문은 풀렸습니다.

매직 미러인지 확인하는 방법으로 손톱 끝을 거울에 대보라는 말

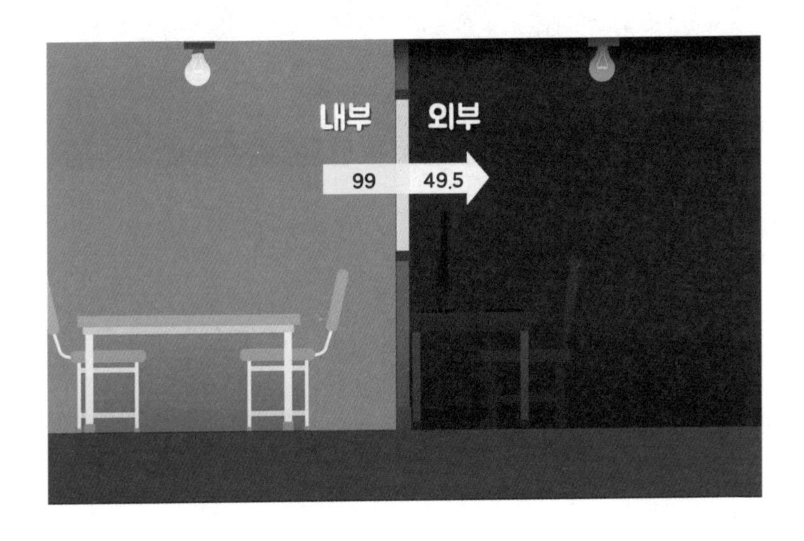

이 있는데, 이렇게 해서 확인할 수 없는 경우도 있으므로 별로 의미가 없습니다. 위에서 설명한 내용을 토대로 생각해 보면, 거울 가까이에 붙어서 유리에 투과하는 빛을 차단해 어둡게 만들고, 손전등을 거울에 갖다 댄 다음에 반대쪽으로 빛을 강하게 쏴 주면 매직 미러 원리에 따라 거울 너머가 보일 겁니다. 물론 이보다 더 확실한 방법은 깨 보는 겁니다.

유리는 언제 어떻게 만들어졌나요?

5천 년 전 메소포타미아와 이집트의 고대 문명인들이 모래가 불에 녹을 때 흘러나온 물질을 발견했습니다. 이 물질은 금세 굳더니 광택이 났는데, 이게 최초의 유리입니다. 유리는 모래의 주성분인 이산화 규소(실리카)로 만들어지는데, 실리카는 빛을 반사해 반짝거리는 성질을 띱니다. 해변의 모래사장이 반짝거리는 게 이 때문입니다.

그런데 섭씨 1600도까지 올릴 화력이 없던 그 시대에 어떻게 이산화 규소를 녹일 수 있었을까요? 모래를 재와 함께 태우면 더 낮은 온도에서도 이산화 규소가 녹기 때문입니다. 이후 소다 석회를 함께 태우자 불순물이 사라져 투명한 유리가 만들어졌습니다. 유리를 롤러 사이에 통과시키면 판유리가 되고, 대롱을 대고 불면 둥근 유리병이 만들어집니다.

인류 역사를
바꾼 사과는?
아담과 이브의
사과!

그리고...
뉴턴의 사과!

16

놀이 기구를 탈 때 붕 뜨는 느낌은 뭘까?

바이킹이나 롤러코스터, 자이로드롭 등의 놀이 기구를 탈 때 높이 올라갔다가 낙하가 시작되는 순간 몸이 붕 뜨면서 평소 느끼지 못했던 생소한 느낌을 받습니다. 짜릿하거나 가슴이 철렁하는 등 뭐라고 설명할 수 없는 이 이상한 느낌의 정체는 무엇일까요?

놀이 기구가 빠르게 하강할 때는 순간적으로 무중력 상태가 됩니다. 여기에 답이 있을 텐데, 무중력 상태는 보통 우주에서나 경험할 수 있는 것으로 알려졌습니다. 어떻게 일상 속에서 무중력 상태를 경험할 수 있는지부터 알아보면서 주제의 의문도 해결해 보도록 하겠습니다.

중력은 두 물체 사이에 작용하는 힘입니다. 이 중력으로 인해 사람은 지구 표면에 붙어서 걸어 다닐 수 있습니다. 물체가 땅 위에 있을 때 물체에 어떤 힘이 작용하느냐고 물어보면 대부분의 사람이 중력이라고 대답합니다.

틀린 대답은 아니나 물체에 중력만 작용하면 물체는 중력이 작용하는 방향인 지구 중심을 향해 뚫고 들어가야 합니다. 하지만 우리가 멀쩡한 이유는 수직 항력도 함께 작용하기 때문입니다.

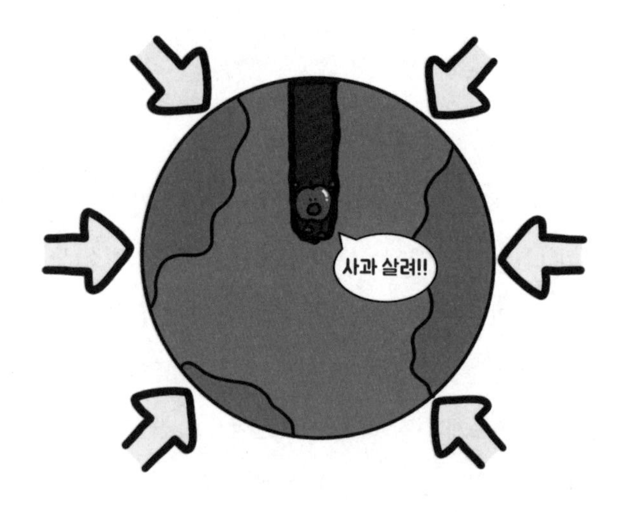

수직 항력은 표면에서 물체에 수직으로 작용하는 접촉힘을 말합니다. 중력이 작용해 우리 몸을 바닥으로 누르면 바닥도 우리를 밀어내는 힘이 함께 작용하는데, 이 밀어내는 힘이 바로 수직 항력입니다. 그러니까 우리는 중력과 수직 항력을 함께 느끼며 살아가고 있는 겁니다.

흔히 자유 낙하를 하는 동안 바닥을 누르는 힘이 없어지고 수직 항력이 사라져서 겉보기 무게가 0이 된 상태를 무중력 상태라고 하는데, 정확히는 무중량 상태가 맞는 표현입니다.

놀이 기구를 탈 때 무중량 상태가 되는 이유는 놀이 기구가 높이 올라갔다가 자유 낙하가 시작되는 순간에 수직 항력이 0이 됐기 때문입니다. 그렇다면 이 무중량 상태에서 느껴지는 이상한 느낌의 정체는 무엇일까요?

이에 대한 메커니즘은 아직 밝혀지지 않았고, 여러 가설이 존재합니다. 이 느낌은 놀이 기구를 타면 무조건 느낄 수 있는 것이 아니라 올라갔다가 정지한 후 자유 낙하가 시작되는 순간에만 느낄 수 있습니다.

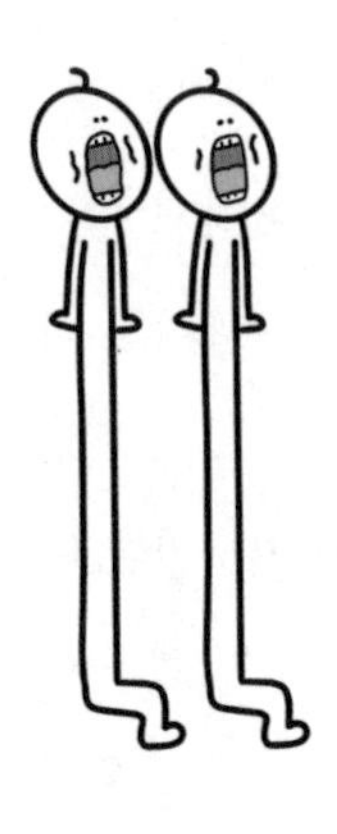

이와 관련해 브래드 사구라 박사(Dr. Brad Sagura, 미네소타대학교 앰플라츠 아동병원 외과 의사)는 몸속 장기들이 움직이기 때문이라고 주장합니다.

그러니까 놀이 기구가 갑자기 하강할 때 신체는 안전벨트로 고정되어 있으나 내부 장기는 고정할 수 없기에 이리저리 쏠리고, 이것이 이상한 느낌을 유발한다는 겁니다. 동시에 방광에 들어 있는 액체 등도 움직이면서 오줌이 마려운 느낌도 받는다고 덧붙였습니다.

비슷한 주장으로 장간막mesentery이 받는 장력에 관한 주장이 있습니다. 평상시 장기들은 장간막에 의해 고정된 채로 중력에 의해 밑으로 당겨지고 있지만, 뇌는 장간막에 가해진 장력에 적응되어 있으므로 장기의 무게를 느끼지 못합니다.

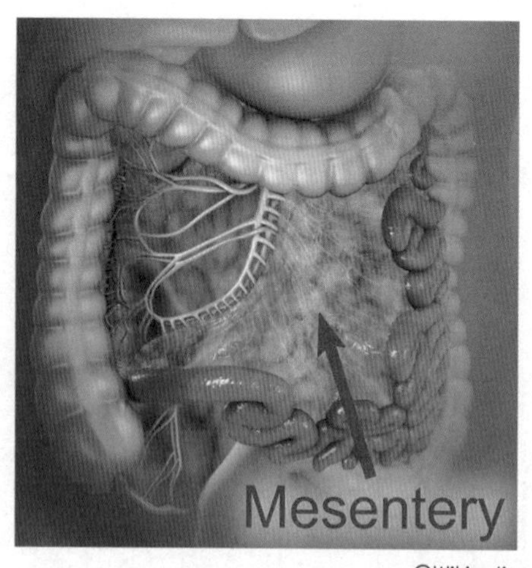

©Wikipedia

그런데 자유 낙하를 하는 동안에는 순간적으로 겉보기 무게가 줄어들면서 장간막에 가해지는 장력도 줄어듭니다(무중량 상태 = 겉보기 무게가 0이 된 상태). 이때 뇌는 평소 느끼는 자극이 사라지는 것을 새로운 자극으로 받아들여 붕 뜨는 느낌이 생긴다는 주장입니다.

겉보기 무게 = 중력 − 관성력

그렇다면 우주 비행사는 계속 무중량 상태에서 지낼 텐데, 이 이상한 느낌을 계속 느낄까요? 이에 대한 답변으로는 계속 느끼지는 않는다고 합니다. 다만, 처음 일주일 정도는 멀미를 느끼는 우주 부적응 증후군을 겪을 수 있으나 차차 괜찮아진다고 합니다.

3부

알아두면 쓸데 있는 생활 궁금증

나를 가두면
언제든 폭발하지.

꾸엑
과연
그럴까?

보강재 하나면
얌전해질걸.
안... 안 돼!
SAFE

17

가스라이터 용기 가운데에 칸막이를 넣은 이유는?

불을 간편하게 만들 수 있는 도구인 라이터는 오일라이터, 전기라이터, 가스라이터 등 종류가 다양한데 일반적으로 가스라이터를 많이 사용합니다. 가스라이터를 자세히 살펴보면, 납작한 플라스틱 용기에 액체가 담겨 있고 용기 위에는 발화 장치가 부착되어 있습니다. 용기 안에 든 액체는 발화성 물질인 **액화**(기체 물질이 액체로 바뀌는 상태 변화) 뷰테인(부탄)입니다. 발화 장치는 점화 휠을 이용해 페로세륨ferrocerium이라는 금속 부싯돌을 긁는 방식과, 버튼을 누르면 기계적 에너지가 전기적 에너지로 변환되는 **압전 효과**를 이용한 압전 소자 방식이 있습니다.

* 이 글은 이정진 님(서울대학교 기계공학부 박사과정, 필명 엔너드)이 투고한 원고를 바탕으로 재구성했으며, 라이터 제조사 '에이스산업사'의 도움을 받았습니다.

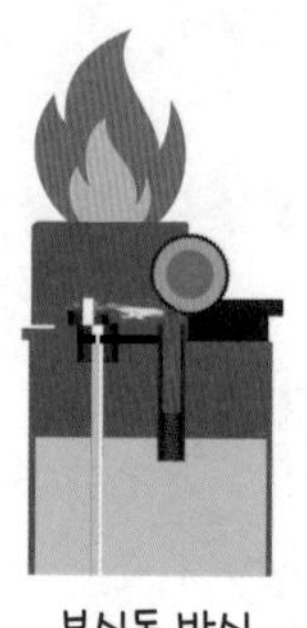

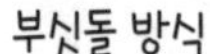

부싯돌 방식

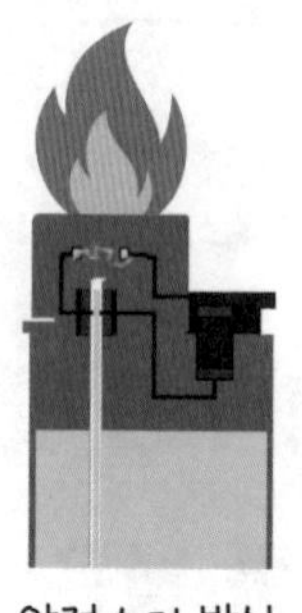

압전 소자 방식

뷰테인

발화 장치로 불씨를 일으킴과 동시에 용기 안에 든 액체 뷰테인을 빨대를 통해 방출시키는 버튼을 누르면, 뷰테인이 **기화**(액체 물질이 기체로 바뀌는 상태 변화)하면서 불씨와 만나 발화점 이상의 온도가 되어 연소하므로 불을 만들 수 있습니다.

그런데 여기서 의문이 생깁니다. 가스라이터가 불을 만들어 내는 원리를 봤을 때 용기 가운데에 칸막이가 필요하지 않아 보이는데, 대체 무슨 목적으로 존재하는 걸까요? 밑넓이를 줄여서 액체 뷰테인의 수위를 높여 빨대가 잘 잠기게 하기 위해서일까요? 아니면 뷰테인을 적게 넣기 위한 장삿속일까요?

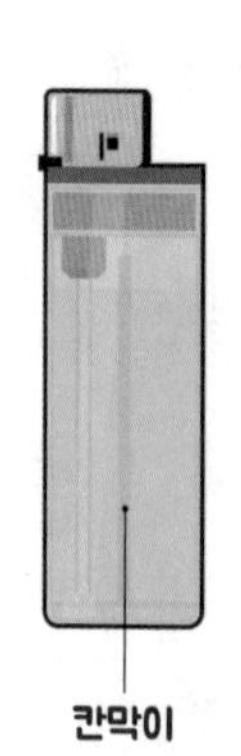

결론부터 말하면 이 칸막이는 라이터를 안전하게 사용할 수 있도록 돕는 보강재 역할을 합니다. 용기 가운데의 칸막이가 라이터를 어떻게 보강해 주는지, 없으면 어떻게 되는지 알아보겠습니다.

뷰테인의 끓는점은 약 섭씨 영하 0.5도이므로 상온에서는 기체 상태로 존재합니다. 하지만 가스라이

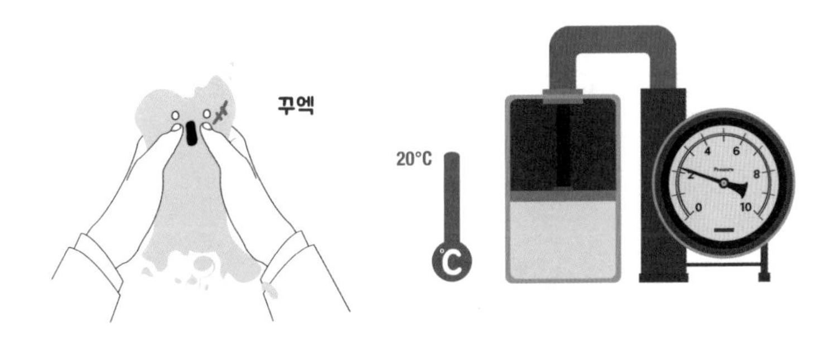

터 용기 안의 뷰테인은 액체 상태로 존재합니다. 이는 기체 상태의 뷰테인을 고압으로 압축했기 때문입니다. 뷰테인의 증기압은 섭씨 20도에서 약 2.2기압이므로 용기 안에는 2.2기압 이상의 액체 뷰테인이 들어 있습니다. 이처럼 내부 압력이 높은 액체나 기체를 보관하는 용기를 압력 용기라고 하며, 우리 주변에서 흔히 볼 수 있는 소화기, 음료수 캔, 스프레이 캔 등이 해당합니다.

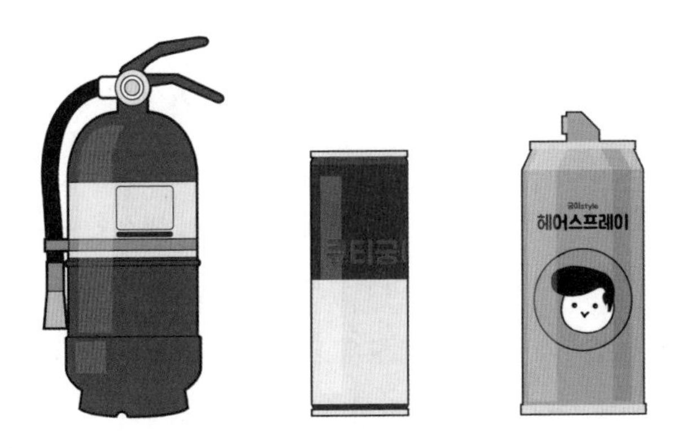

압력 용기가 원통 모양인 까닭이 뭘까?

이들 압력 용기는 대부분 원통 모양으로 되어 있습니다. 구조적으로 단면이 원형일 때 높은 압력을 잘 견딜 수 있기 때문입니다.

가스라이터 용기 내부는 외부에 비해 상대적으로 압력이 높습니다. 따라서 외부와 내부 사이에 있는 용기(고체)가 힘을 받게 되고, 이 힘에 견디기 위해 저항하는 **인장 응력(장력)**이 발생합니다. 만약 라이터 용기의 단면이 원형이라면 휘어진 곡률로 인해 인장 응력이 사방으로 발생하게 됩니다. 그렇게 되면 용기 표면에 수직으로 작용하는 외력에 대항해 인장 응력이 버티기에 유리합니다.

하지만 실제 라이터 용기의 단면은 원을 가로로 길게 늘인 모양이므로 둘레가 직선인 구간에서는 인장 응력 방향이 외력과 수직이 되어 외력에 취약해집니다. 그러니까 이 구간에서는 자칫 용기가 팽창하면서 터질 수도 있다는 것입니다.

이런 불상사를 방지하려면 라이터를 원통형으로 만들거나, 용기 외벽을 두껍게 하거나, 내부에 구조물을 넣는 방법이 있습니다. 앞의 두 가지 방법은 휴대성이 떨어지므로 가스라이터에는 내부에 구조물(칸막이)을 넣는 방법을 택했고, 이때 칸막이 사이로 액체 뷰테인이 자유롭게 드나들 수 있도록 용기 상부에 약간의 공간을 남겨 둔 것입니다.

위 내용을 확인하기 위해 실제 라이터와 유사한 모양의 용기를 만들어 시뮬레이션을 해 봤습니다. 투명 용기 내부의 압력을 7기압으로 했을 때 변형되는 정도를 색으로 표현했고, 붉은색에 가까울수록 변형이 크다는 뜻입니다. 보강재가 있는 것과 없는 것의 차이

붉은색에 가까울수록 변형이 크다.

(용기 재질: ABS PC)

가 보이시나요? 보강재가 없는 경우 내부가 터질 듯이 부풀어 올랐는데, 보강재가 있는 용기는 아주 살짝만 부풀었습니다.

오해하면 안 될 것은 보강재가 없으면 휴대용 가스라이터 용기가 무조건 터진다는 이야기는 아닙니다. 보강재가 없어도 상온에서는 충분히 버틸 수 있습니다. 라이터를 판매하려면 국가기술표준원에서 제시하는 안전인증 기준을 충족해야 하고, 이 기준에 따라 섭씨 65도에서 4시간 동안 견디는 온도 실험을 거쳐야 합니다. 이 실험을 통과하기 위해서 용기 가운데에 추가 구조물을 녹여 붙인 것입니다. 덕분에 우리는 더 안전하게 휴대용 가스라이터를 사용할 수 있습니다.

인장 응력이 알쏭달쏭?

응력應力·stress이란 물체에 작용하는 외력에 대응對應해 물체 내부에 생기는 저항력입니다. 외력은 고체의 단면과 평행한 방향으로 작용하며, 고체가 외력을 버텨 내지 못하면 휘거나 끊어질 수 있습니다. 하지만 고체의 내부에는 외력에 대한 반작용으로 단면과 수직인 방향, 즉 물체의 길이 방향을 따라 인장 응력이 발생합니다. 인장 응력이 외력과 대등하면 고체는 원형을 유지합니다.

휴대용 가스라이터의 곡선 부분에서는 인장 응력이 전방위로 작용하기 때문에 외력에 대항할 수 있습니다. 하지만 직선 부분에서는 외력에 가장 취약한 수직 방향으로만 인장 응력이 발생하기 때문에 외력을 감당하기 어렵습니다. 더욱이 길이가 길어질수록 인장 응력이 약해지기 때문에 보강재를 넣었습니다.

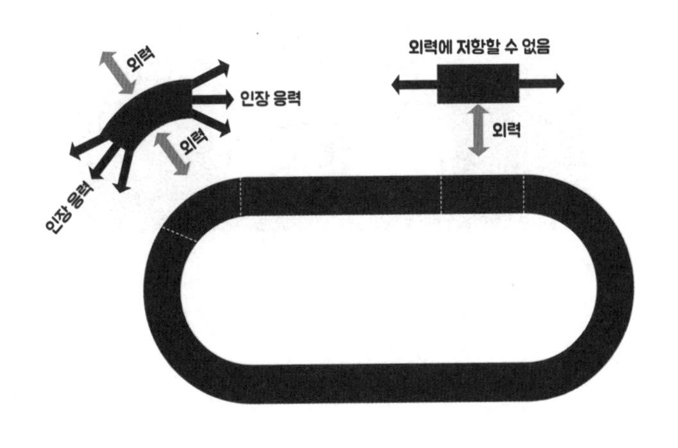

가위! 바위! 보!

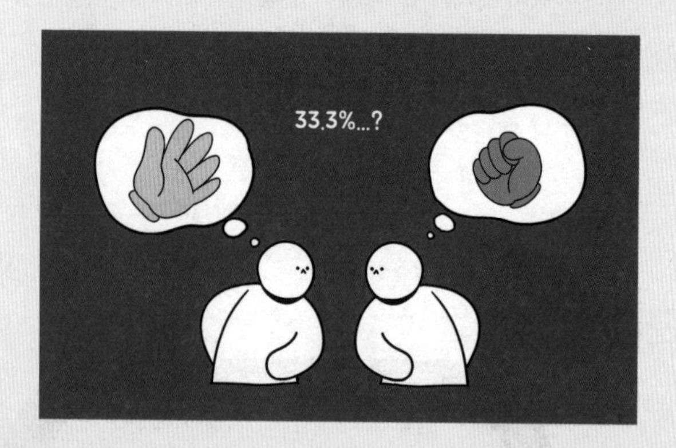
33.3%...?

18

가위바위보 게임은 정말 공정할까?

가위바위보는 두 명 이상의 인원이 손가락을 이용해 특정 모양을 만들어서 동시에 내밀고, 정해진 규칙에 따라 승패를 결정짓는 게임입니다. 주로 어떤 일의 순서나 분담 등을 결정할 때 이긴 사람에게 우선으로 선택권을 주기 위해 하는 경우가 많습니다. 사람들이 가위바위보로 어떠한 결정을 내리는 이유는 단순하고 공정한 방법이라고 생각해서입니다.

게임 참가자는 가위, 바위, 보 중에서 하나만 낼 수 있으므로 승리와 패배, 무승부의 확률은 각각 약 33.3퍼센트(혹은 1/3)로 같습니다. 이것이 가위바위보를 공정하다고 생각하는 이유입니다. 그런데 가위바위보 게임을 아홉 번 연속해서 했을 때 가위, 바위, 보를 정확히 세 번씩 나누어서 내는 사람은 없습니다. 그런데도 33.33퍼센트의 확률이라고 이야기하는 것은 **큰수의 법칙** law of large numbers 때문입니다. 큰수의 법칙이란 큰 모집단에서 무작위로 뽑은 표본의 평균은 전체 모집단의 평균과 가까워진다는 내용입니다. 즉, 어떤 일을 수없이 되풀이할 경우 일정한 사건이 일어날 비율은 일정한 값에 가까워진다는 의미입니다. 예를 들어 주사위를 무수히 많이 던지면 각각의 수가 나오는 비율은 결국 6분의 1이 된다는 경험 법칙이라고 할 수 있습니다.

경험적으로는 33.33퍼센트의 확률을 따르지 않지만, 수학적으로는 표본의 수(이 글에서는 게임 진행 횟수)가 많아질수록 33.33퍼센트의 확률에 근접한 결과가 나오게 됩니다.

수학적 확률대로 가위바위보는 정말 공정할까요? 위의 법칙을 따르기 위해서는 어떠한 변수도 존재해서는 안 됩니다. 하지만 가위바위보에서 가장 큰 변수는 게임의 주체가 사람이라는 점입니다. 어떤 사람이 하더라도 가위, 바위, 보의 셋 중에서 선택하는 단순한 방식이므로 별문제가 없다고 생각할 수 있는데, 만약 앞선 게임의 결과가 다음 게임에 영향을 준다면 어떨까요?

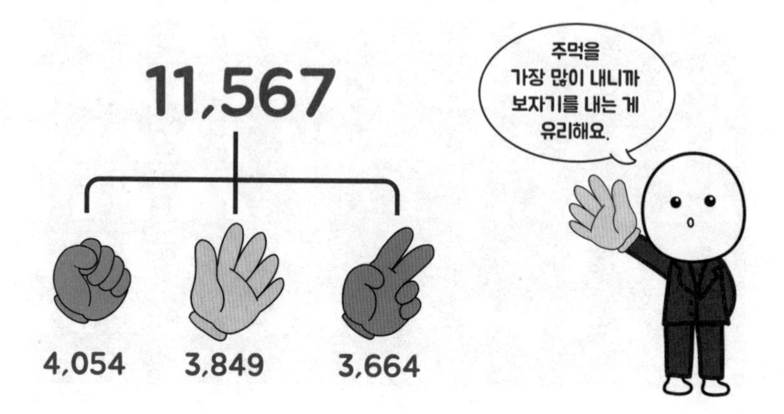

일본 오비린대학桜美林大学의 요시자와芳沢光雄 교수는 725명의 학생을 대상으로 얻은 11,567회의 가위바위보 게임 결과를 분석해 봤습니다. 게임 데이터에 따르면 바위는 4,054회, 보자기는 3,849회, 가위는 3.664회가 나왔습니다. 이와 같은 차이가 나타나는 이유에 관해서 가위 모양은 상대적으로 만들기 어렵고, 인간은 긴장할 때 본능적으로 주먹을 쥔다는 점을 근거로 들었습니다. 그러니까 승부의 순간에는 긴장 상태이므로 가위보다는 바위를 낼 확률이 높다는 것입니다. 따라서 무엇을 내야 할지 모를 때는 보자기를 내는 게 질 확률이 낮습니다.

또한 그는 10,833회의 게임 데이터를 바탕으로 앞선 게임이 다음 게임에 어떤 영향을 주는지도 분석했는데, 연속해서 같은 선택을 한 경우는 2,465회라고 합니다. 즉, 사람들은 웬만하면 앞선 게임에 냈던 게 아닌 다른 무언가를 낼 확률이 높습니다.

요시자와 교수의 분석에 살을 붙여 준 연구가 바로 중국 절강대학浙江大学의 심리학자 공동 연구팀이 360명의 학생을 대상으로 진행한 실험입니다. 연구팀은 학생들을 여섯 개의 그룹으로 나누어 무작위로 가위바위보 게임을 진행하도록 했습니다. 참고로 이 실험에서는 학생들이 열심히 참여하도록 게임에서 이길 때마다 소정의 상금을 지급했다고 합니다. 이렇게 얻은 데이터를 분석한 결과, 앞선 게임에서 이긴 사람은 다음 게임에서도 이겼던 것을 똑같이 내는 경우가 많았고, 같은 선택으로 두 번 연속 패배한 사람은 앞선 게임에서 상대방이 낸 것을 이길 수 있는 선택을 하는 경우가 많았습니다.

위 연구를 뒷받침해 주는 또 다른 실험이 벤자민 다이슨Benjamin James Dyson 박사가 이끄는 연구팀에 의해 진행되었습니다. 이들은 가위, 바위, 보를 내는 각각의 확률(25/75=1/3)은 같되 철저하게 무작

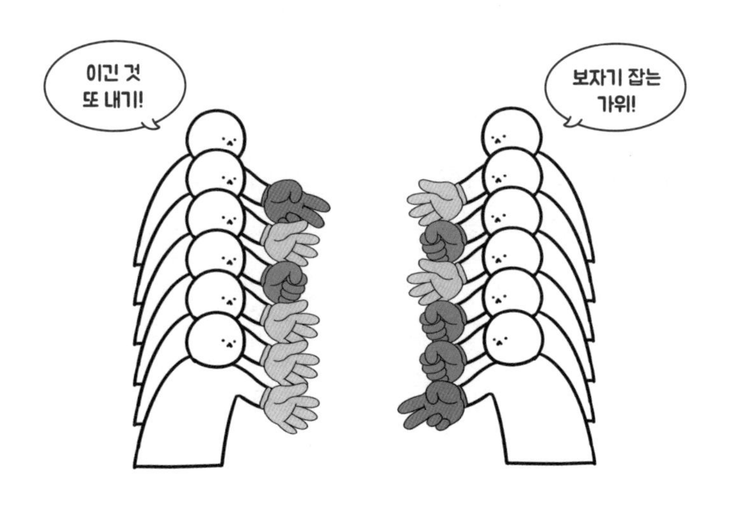

위로 내도록 컴퓨터 프로그래밍을 했습니다. 그리고 서식스대학교University of Sussex 학생 31명에게 이 컴퓨터와 75회씩 세 번에 걸쳐 총 225회의 가위바위보 게임을 하도록 했습니다. 결과를 보면 학생들은 대체로 바위를 많이 냈습니다. 앞선 게임에서 이기고 다음 게임에서도 똑같은 것을 내는 경우가 많았고, 패배한 경우에는 그것을 이길 수 있는 걸 내는 경우가 많았습니다. 또한 비겼을 때는 자신이 냈던 걸 이길 수 있는 것을 내는 경우가 많았습니다.

세계 가위바위보 협회World RPS society도 직접 조사한 통계에서 가위를 내는 확률이 29.6퍼센트로 보자기와 바위를 내는 확률보다 상대적으로 낮았다면서, 이기기 위해서는 보자기를 내는 게 좋다고 설명합니다.

이외에도 여러 연구 자료에서 대체로 비슷한 이야기를 확인할 수 있습니다. 그러므로 가위바위보 게임에서 이길 확률이 정확히

33.33퍼센트라고 이야기할 수는 없습니다. 단판 승부라면 이 확률대로 공정할지도 모르겠지만요.

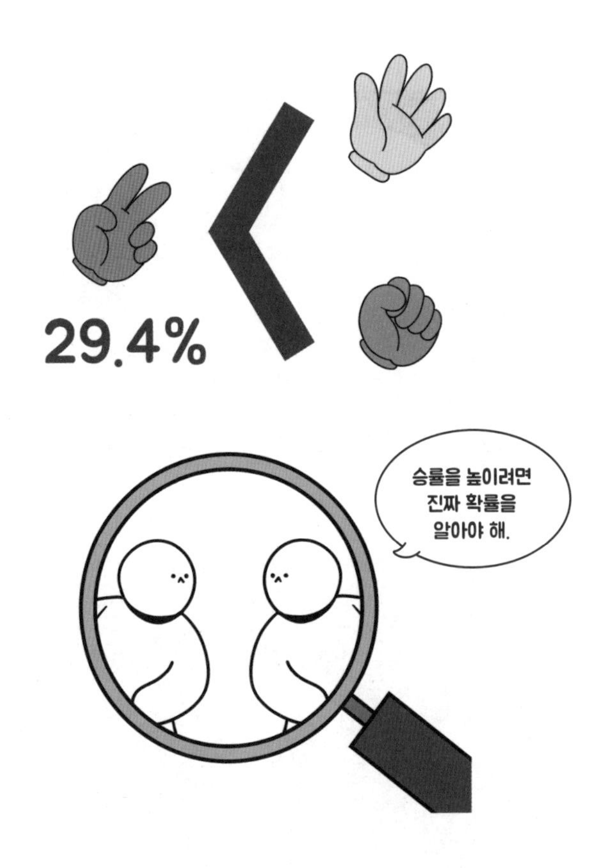

허허벌판에서도
거미줄에
걸릴 수 있다고?
꿈꿨겠지!

자연은 상상을
뛰어넘거든!

19

길을 가다가 거미줄에 걸린 것 같은 느낌이 드는 이유는?

길을 걸어가다가 거미줄 같은 것에 걸린 느낌이 든 적이 있을 것입니다. '거미줄 같은'이라고 한 이유는 눈에 잘 보이지 않아서 정확히 무엇에 걸렸는지 확인하기가 어렵고, 그런 일을 겪은 장소가 길 한복판처럼 거미줄이 있을 만한 장소가 아니라서 확신할 수 없기 때문입니다. 결론부터 말하면 거미줄에 걸린 것이 맞습니다. 그렇다면 거미줄이 어떻게 갑자기 나타나는 걸까요? 주변을 둘러보면 거미가 거미줄을 칠 만한 곳이 전혀 없어 보이는데 말입니다.

거미는 집을 짓기 위해 높은 곳에 올라가서 바람이 부는 방향으로 거미줄을 뿜습니다. 거미줄이 바람에 휘날리다가 어딘가에 걸리

* 이 글은 인용된 논문의 저자인 조문성 님의 도움을 받았습니다.

면 그때부터 거미가 집을 짓기 시작합니다. 거미가 뿜은 바로 이 거미줄이 지나가던 사람의 피부에 우연히 닿을 수 있습니다. 또는 거미집을 짓기 위해 뿜은 거미줄이 아니라 비행 실일 수도 있습니다. 거미가 비행할 때 사용하는 거미줄을 비행 실이라고 하는데, 주로 다른 서식지로 이동할 때와 알에서 갓 태어났을 때 거미줄을 이용해 비행을 시도합니다.

거미가 비행한다는 게 무슨 말인지 이해하기 어려울 겁니다. 이와 관련해 과학 저널《플로스 바이올로지 *PLoS Biology*》에 실린 논문을 보겠습니다. 이 논문을 쓴 연구팀은 크랩 거미crab spider를 이용해 거미의 비행을 관찰했습니다. 관찰한 내용에 따르면 거미는 비행하기 전에 기상 조건을 확인하기 위해 다리를 높게 치켜듭니다.

적당한 기상 조건임을 확인하면 복부를 높이 들어 올려서 비행 실을 뿜고, 비행 실이 바람에 휘날릴 때 함께 날아갑니다. 흥미로운 점은 풍속이 초당 1.5~3.3미터 정도의 약한 바람일 때도 비행할 수 있다는 겁니다. 거미의 놀라운 비행 능력의 비밀은 난류에 존재하는 **상승 기류**와 **공기의 점성**에 있습니다.

바람의 세기는 높이에 따라 다른데, 기압 차에 의해 바람이 센 곳과 약한 곳의 공기가 섞이면서 난류를 형성합니다. 이때 난류에는 하강 기류와 상승 기류가 생기고, 거미는 상승 기류를 이용해 비행합니다. 또한 비행에 사용하는 비행 실은 평균 3미터 길이에 최대 60가닥까지 나옵니다.

공기를 포함한 모든 유체는 점성을 가지고 있으며, 유체가 다른 물체와 마찰하면 점성이 커집니다. 즉, 공기가 거미줄과 마찰하면 점성이 증가합니다. 비행 실은 일반 거미줄[1~2㎛(마이크로미터)]보다 훨씬 가느다란 줄[200nm(나노미터)]을 여러 가닥 뽑기 때문에, 공기와 마찰하는 거미줄의 표면적을 최대화해 공기의 미세한 점성력을 모아서 날아갈 수 있습니다. 물론 거미줄의 길이가 길어지면 더 큰 마찰력을 만들어 낼 수 있겠으나 거미줄이 얇아 끊어질 수 있으므로 3미터 길이의 거미줄을 뽑습니다.

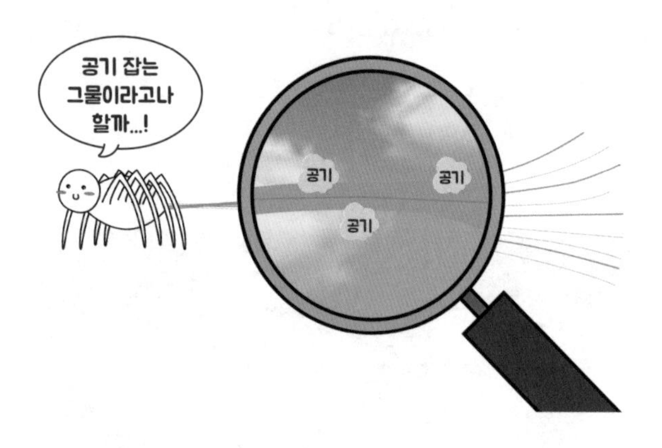

앞서 살펴본 논문의 저자인 조문성 님에 따르면 허허벌판에서 거미줄에 걸렸을 때는 비행 실일 확률이 높고, 주변에 거미가 이동 가능한 거리의 구조물이 존재할 때는 그 사이를 이동할 때 나온 실일 수도 있다고 합니다. 거미가 이동하기 위해서는 높은 곳에서 줄을 타고 내려와서 그 줄에 매달린 채로 바람을 이용해 그네 타듯이 이동하는 방법drop and swing과, 거미줄을 쏘아서 두 지점 사이를 이은 다음에 다리를 건너듯 이동하는 방법bridging 등이 있습니다. 바로 이런 거미줄에 우리가 걸릴 수 있다는 겁니다.

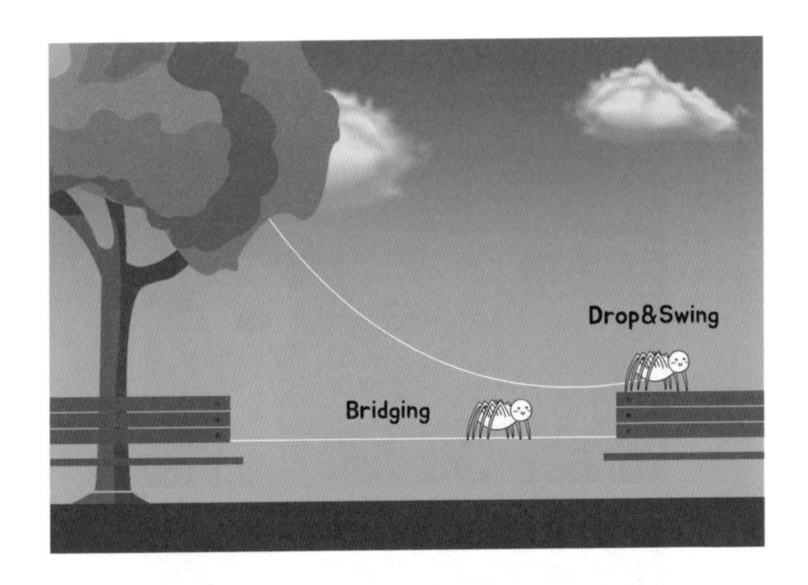

참고로 다윈의 나무껍질거미Darwin's bark spider라는 거미 종이 후자의 방법을 쓰는데, 흐르는 강물 위에 최대 25미터 길이의 거미줄을 칠 수 있습니다. 이는 강의 양쪽 둑을 이을 수도 있는 길이입니다.

777
촤르르륵~

촤르르륵~

20

바다에 번개가 치면 물고기들은 어떻게 될까?

번개는 구름과 구름, 구름과 대지 사이에서 일어나는 **방전 현상**입니다. 번개의 생성 원리를 알아보려면 번개 구름, 즉 뇌운이 만들어지는 것에서부터 출발해야 합니다. 습도가 높고 뜨거운 공기가 상승 기류를 타고 상공에 올라가면 낮은 기온에 의해 응결되어 뇌운을 형성합니다. 이때 뇌운을 이루는 작은 물방울들이 서로 충돌해 파열되면 각각 **양전하** 혹은 **음전하**를 띠게 되는데, 양전하를 띤 물방울은 계속해서 구름의 상부로 올라가고 음전하를 띤 물방울은 구름의 하부에 머무릅니다.

구름 하부의 음전하가 점점 많아지면 양전하를 띤 지상과 전위차

* 이 글은 김명진 님(『김기사의 e-쉬운 전기』 저자)의 감수를 받았습니다.

가 생깁니다. 전위차가 커지면 전하는 전위가 낮은 곳으로 흐르려 하므로 순간적으로 방전 현상이 일어나고, 이때 빛에너지로 나타나는 것이 번개입니다. 참고로 번개는 천둥을 동반하는데, 공기 중의 전기 방전으로 발생하는 소리가 천둥입니다.

번개는 매우 강력한 전기 에너지를 갖고 있고, 전기는 저항이 가장 작은 경로를 따라가려는 성질이 있어서 그런 경로를 찾다 보니 지그재그 모양으로 나타나곤 합니다. 번개의 강력한 순간 전류는 시설물을 파괴하여 피해를 입히기도 하고, 복권 당첨보다 낮은 확률로 사람의 목숨을 앗아 가기도 합니다. 여기서 의문이 생깁니다. 지상이 아닌 바다에 번개가 치면 어떻게 될까요?

우리는 전기가 물에서 매우 잘 흐른다고 알고 있습니다. 바다에 번개가 치면 바닷물에 어마어마한 전류가 흐를 것이고 물고기는 떼

죽음을 당하지 않을까 싶습니다.

이 의문을 해결하려면 **도체**와 **부도체**에 관해서 알아야 합니다. 도체는 전기가 잘 통하는 물질을 말하고, 부도체는 전기가 잘 통하지 않는 물질을 말합니다. 앞서 전기가 물에서 잘 흐른다고 했는데, 사실 순수한 물(증류수)은 거의 부도체에 가까워서 전기가 잘 흐르지 않습니다. 하지만 바닷물에는 여러 이온(염화 이온 55퍼센트, 나트륨 이온 30.6퍼센트, 황산 이온 7.7퍼센트, 칼슘 이온 1.2퍼센트 등)이나 불순물이 포함되어 있어서 이들이 전해질 역할을 해 줍니다. 즉, 바닷물은 저항이 작고 전기 전도율이 높은 편입니다. 그렇다면 바닷물은 번개에 더욱 취약하지 않을까요?

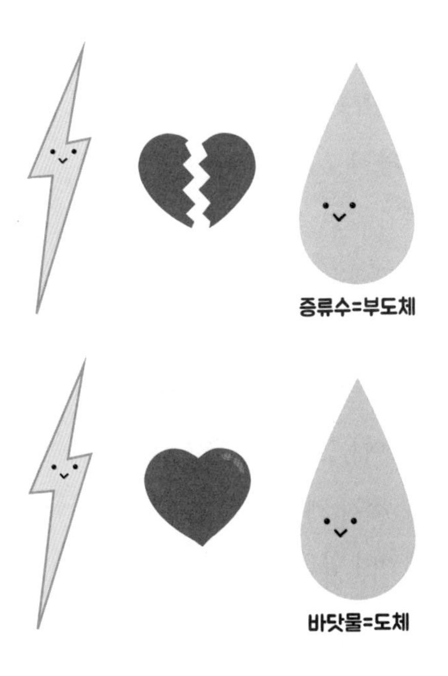

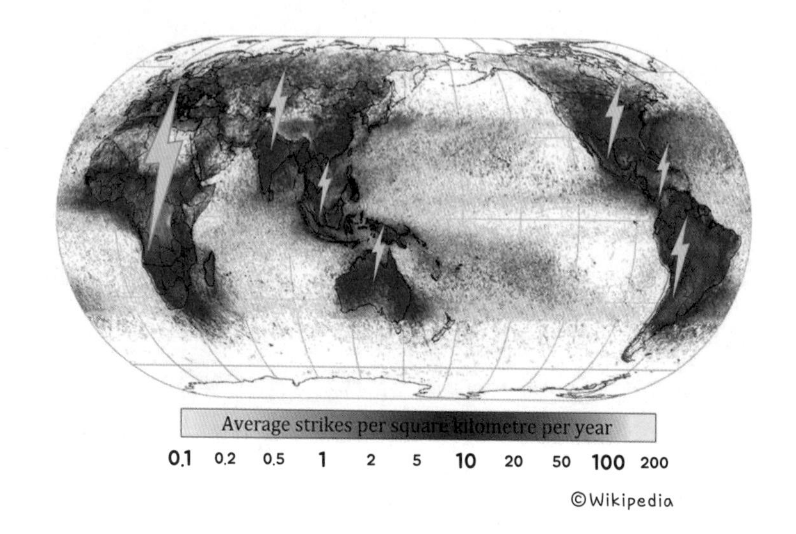

결론을 말하면 대부분의 바닷속 물고기는 안전합니다. 일단 바다에 번개가 치는 경우는 육지와 비교하면 매우 드뭅니다.

위 사진은 1995년부터 2003년까지 발생한 번개의 분포를 조사한 자료입니다. 번개의 대부분이 열대 지방에서 관찰됐고, 해상에서는 번개가 잘 발생하지 않는 것을 확인할 수 있습니다.

하지만 분명 바다에도 번개가 칠 때가 있습니다. 이때 바닷물은 그 자체가 도체가 되어 전류가 흐르므로 해수면에 가까이 있거나 걸쳐 있는 물고기는 죽을 수도 있습니다. 그런데도 물고기가 떼죽음을 당하지 않은 이유는 바다의 표면적이 매우 넓기 때문입니다. 번개가 아무리 큰 전기 에너지를 갖고 있다고 하더라도 해수면 전체로 퍼지면 상쇄되어 힘을 잃게 됩니다.

접지라고 하여 우리가 사용하는 전기 기기에서 새어 나오는 누

설 전류를 땅으로 보내는 것도 이와 비슷한 상황입니다. 땅은 면적이 매우 넓어서 사고로 인한 대전류를 감당할 수 있기 때문입니다. 무엇보다 물고기들은 날씨가 좋지 않으면 평소보다 수심이 더 깊은 곳에 있으려 하므로 안전합니다.

왜 뿌옇지?
비눗기가 남았나...?
?
?

21

수도에서 나오는 온수는 왜 뿌옇게 보일까?

냉수를 주로 사용하거나 온수를 사용하더라도 물을 어딘가에 받아서 쓰지 않는다면 이 질문의 상황을 겪어 보지 못할 수도 있습니다. 그렇다면 화장실에서 투명한 컵에 온수를 받아서 확인해 보길 바랍니다. 분명 뿌옇게 보일 겁니다. 이유가 뭘까요?

아마 많은 사람이 수돗물의 소독 약품인 염소chlorine 때문이라고 생각할 것입니다. 그러나 염소가 원인이라면 냉수에서도 똑같이 뿌연 물이 나와야 하는데 그렇지 않은 것으로 보아 염소와는 관련이 없어 보입니다. 혹시 온수가 수도관으로 나오는 과정에서 수도관을 녹여 뿌연 물을 만들어 낸 것은 아닐까요? 실제로 파이프 연결관의 납 성분이 온수에 녹아 나올 가능성이 있기는 하지만 일부에만 해당하는 상황입니다.

누구나 흔히 경험할 수 있는 이 뿌연 온수는 '백수 현상'이라고 합니다. 공기가 물속에 녹아서 나타나는 현상으로, 이를 이해하기 위해서는 수도를 틀었을 때 어떻게 온수가 금세 나올 수 있는지 알아야 합니다.

온수는 여러 개의 뜨겁고 가느다란 관에 물을 통과시켜 표면적을 넓히고 열전도율을 최대화하여 순간적으로 물을 데우는 방식으로 만들어집니다. 이렇게 온수를 만드는 과정에서 관로(물·가스 등의 유체가 단면을 채우며 흐르는 관) 내 압력이 높아져 공기가 물속으로 녹아듭니다. 이는 과포화 상태의 기포라고 이해하면 됩니다. 과포화 상태의 기포가 대기 중으로 나오면 갑자기 압력이 낮아지면서 급격한 기압 차가 생깁니다. 이때 온수 속에 녹아 있던 공기가 대기 중으로 빠져나가려 하고, 그로 인해 잠시 미세한 거품이 많이 생깁니다.

잘 생각해 보면 모든 거품은 흰색입니다. 빛이 거품과 만나 난반사를 하면서 무수히 겹치기 때문입니다. 모든 빛을 합하면 흰색이 되고, 모든 색을 합하면 검은색이 된다는 사실을 배웠을 겁니다. 거

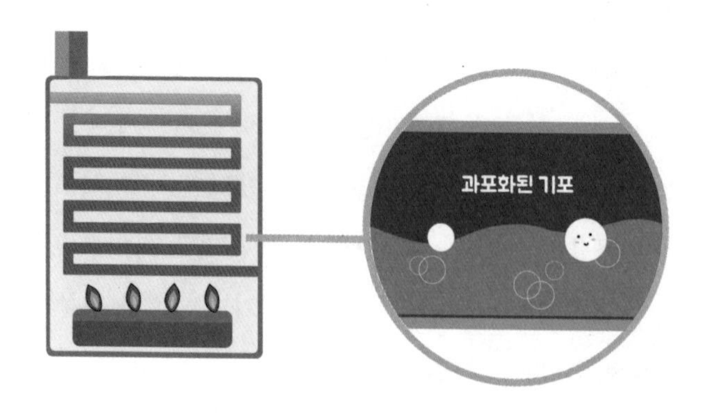

품은 수많은 빛이 합쳐지면서 우리 눈에 흰색으로 보입니다. 하지만 온수 속의 공기 거품은 대기 중으로 금방 날아가 버리므로 잠깐 뿌옇게 보였다가 잠시 후 다시 투명해집니다. 이처럼 백수 현상은 수질과는 관련이 없으므로 걱정하지 않아도 됩니다.

물이 뿌옇게 나오는 현상은 간혹 냉수에서도 관찰되는데, 일시적으로 단수가 일어나거나 장시간 수도를 사용하지 않다가 다시 사용하는 경우에 볼 수 있습니다. 이때는 염소 소독을 한 물이 공기와 만나 미세한 공기 방울로 변하면서 물에 쉽게 녹아 나타난 현상입니다. 만약 뿌연 물이 시간이 지나도 투명해지지 않을 때는 급수관이나 배수관에서 아연이 용출된 것일 수도 있으므로 상수도 관리 기관에 연락해서 조치를 받아야 합니다.

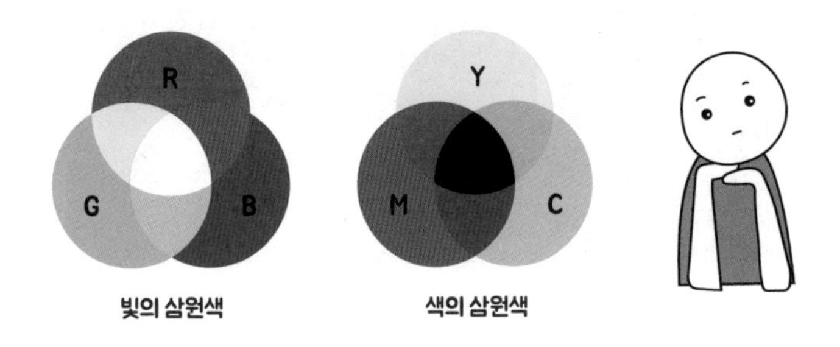

이래서 모든 빛이 섞인 태양광은 흰색이고
물감을 몽땅 섞으면 검은색이 됩니다.

인간은 손으로
도구를 쓰도록
진화했지.
오호~
찍찍~

인간은 손을
쓴다면서?

22

요즘 요구르트 뚜껑에는 왜 요구르트가 안 묻어 있을까?

유산균을 이용해 우유를 발효시켜 만든 음식을 요구르트 또는 요거트라고 합니다. 직접 만들어서 먹기도 하지만 대부분은 간편하게 완제품 형태로 판매하는 것을 사 먹습니다. 요구르트 제품의 종류는 다양해도 플라스틱 용기에 요구르트를 담고 그 위에 비닐 포장지로 된 뚜껑을 부착한 형태는 거의 비슷합니다. 요구르트를 먹기 위해 이 비닐 뚜껑을 떼어 내면 뚜껑에 요구르트가 묻어 있곤 합니다. 평평한 뚜껑에 묻은 요거트를 숟가락으로 뜨기는 쉽지 않으므로 혀로 핥아 먹기도 합니다.

그런데 언제부턴가 비닐 뚜껑에 요구르트가 묻지 않는 경우가 많

* 이 글은 송현수 님(『커피 얼룩의 비밀』 저자)이 투고한 원고를 바탕으로 재구성했습니다.

아졌습니다. 어떻게 안 묻을 수 있는 걸까요?

이것은 바로 '발수 리드'라는 특수 코팅 기법이 적용됐기 때문입니다. 단어 뜻만 알면 발수 리드의 목적을 쉽게 이해할 수 있는데, 발수撥水는 '표면에 물이 잘 스며들지 않는 성질'을 뜻하고 리드lid는 '뚜껑'을 말합니다. 그럼 발수 리드의 구체적인 원리도 알아보겠습니다.

친수성親水性, hydrophilic과 **소수성**疏水性, hydrophobic에 대해 들어봤을 겁니다. 친수성은 물과 친한 성질을 의미하고, 소수성은 친수성에 반대되는 성질을 의미합니다. **발수성**撥水性은 소수성과 유사한 개념이라고 할 수 있는데, 친수성과 발수성은 물방울 표면과 바닥면이 이

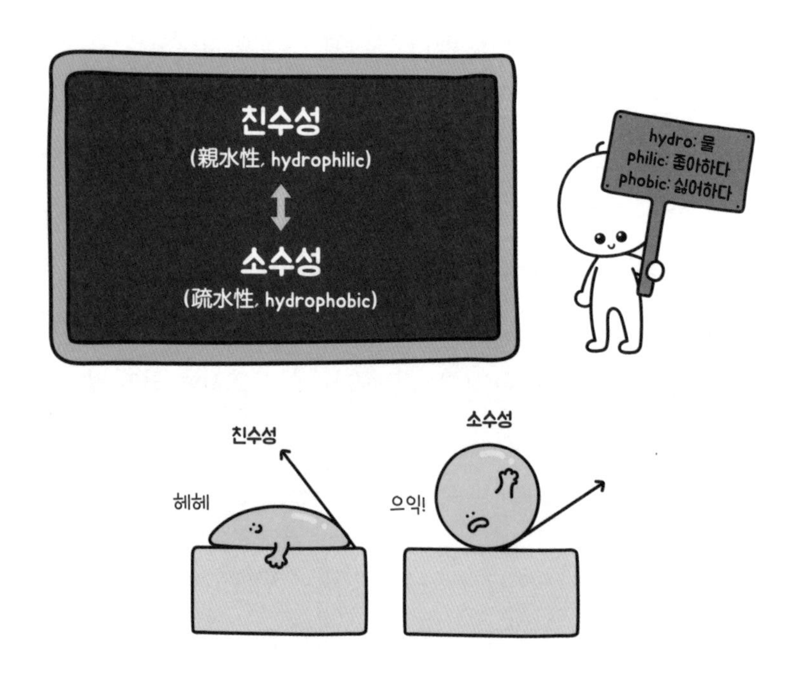

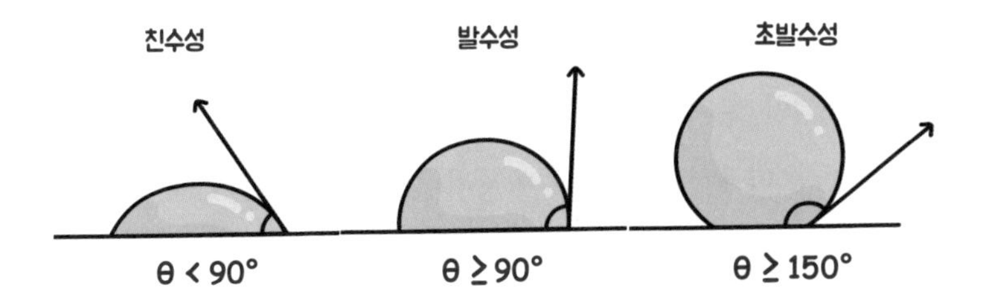

루는 각도인 접촉각contact angle을 이용해서 구분합니다.

바닥면이 물과 친화성이 있다면 물방울이 바닥면에 넓게 퍼질 것이므로 접촉각은 작아집니다. 반면에 바닥면이 물과 친화성이 없다면 물방울이 **표면 장력**(액체 표면이 스스로 수축해서 되도록 작은 면적을 취하려는 힘)에 의해 구球 형태가 되어 접촉각이 커집니다. 구체적인 수치로 보면 접촉각이 90도 이하는 친수성, 90도 이상은 발수성, 150도 이상은 발수성이 아주 강한 초발수성이라고 합니다. 발수성 표면에서는 물방울이 구형에 가까워 바닥면을 조금만 기울여도 쉽게 굴러갈 수 있고, 이러한 성질을 요구르트 뚜껑에 적용해 요구르트가 묻어도 쉽게 떨어지게끔 만들었습니다.

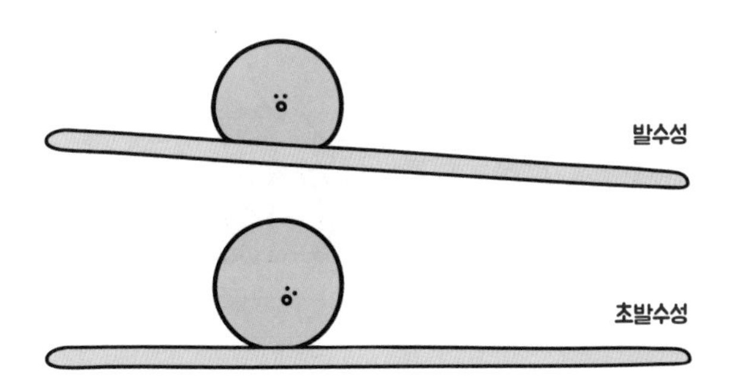

그렇다면 어떻게 발수성을 지니게 할 수 있을까요? 그 비밀은 요구르트 뚜껑을 현미경으로 확대해서 보면 알 수 있는데, 아래 사진처럼 표면에 미세한 돌기들이 빽빽이 정렬된 것을 확인할 수 있습니다. 이 돌기들 사이에 갇힌 공기층이 물방울을 밀어내는 역할을 해서 요구르트와 바닥면의 접촉각을 약 90~100도로 만듭니다. 덕분에 요구르트는 뚜껑에 묻지 않고, 억지로 묻혀 보려고 해도 마찬가지입니다.

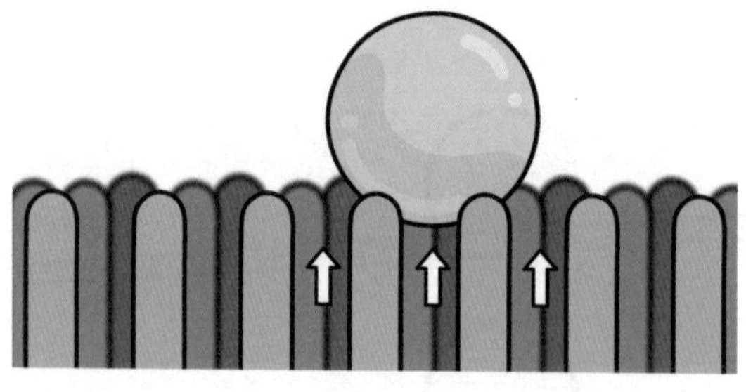

돌기들 사이의 공기층이 물방울을 밀어낸다.

이 기법은 사실 자연계에도 존재합니다. 대표적인 것이 연잎입니다. 연잎에 물방울이 동그랗게 맺힌 모습을 쉽게 볼 수 있는데, 연잎을 확대해서 보면 표면에 매우 미세한 돌기들이 형성되어 있습니다.

또한 곤충에서도 확인할 수 있습니다. 사막에 사는 나미브사막딱정벌레 Onymacris unguicularis는 물이 부족한 환경에 적응하기 위해 스스로 마실 물을 만드는데, 뿌연 안개가 낀 이른 아침에 물구나무서듯이 머리를 아래로 향하게 자세를 잡습니다. 그러면 바람에 흩날리는 미세한 물방울이 발수성을 띠는 등 껍데기에 충돌하면서 동그랗게 맺히고, 어느 정도 쌓이면 중력에 의해 아래로 흘러내립니다. 몸을 앞으로 기울인 덕분에 물방울은 딱정벌레의 머리 앞으로 흘러내리므로 바로 물을 마실 수 있습니다. 이 같은 딱정벌레의 생존 원리를 활용한 제품도 개발 중이라고 합니다.

발수 코팅 기술은 계속해서 발전하고 있습니다. 요즘은 스프레이 형태로도 만들어져 옷이나 신발 등 원하는 제품에 뿌려 발수 기능

을 낼 수도 있습니다. 유리창이나 금속 구조물에 발수 코팅을 하면 비가 올 때 먼지가 자동으로 씻겨 내려갈 것이므로 청소를 하지 않아도 되고, 자동차에 와이퍼가 없어질 수도 있습니다. 이런 똑똑한 기술이 자연에서 유래했다는 것이 매우 놀랍습니다.

연잎 효과(Lotus effect)

연잎은 물에 젖지 않고 물방울이 연잎 표면에 만들어집니다. 이처럼 자연적인 방수 기능을 갖춘 걸 연잎 효과라고 합니다. 이런 효과의 비밀은 바로 연잎 표면에 있는 미세한 돌기에 숨어 있습니다. 지름이 1nm(나노미터)에 불과한 이 돌기들이 수분을 밀어내는 작용을 하기에 연잎에는 예쁜 물방울이 맺혀 있거나 도르르 흘러내리기도 합니다. 이때 잎 표면에 있던 먼지까지 함께 씻겨 나가기 때문에 연잎은 스스로 깨끗해지는 자정 기능도 갖추고 있습니다.
연잎뿐만 아니라 자연계에는 타로 잎 등 연잎 효과를 가진 여러 생물이 존재하는데, 이러한 자연의 신비가 과학자들에게 영감을 줘 혁신적인 신소재가 등장하곤 합니다.

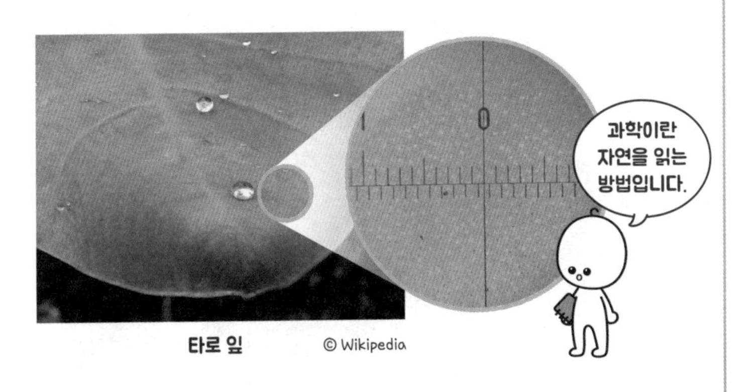

타로 잎 © Wikipedia

뭐가 묻었나?
끈적~
오잉?

고체? 액체?

23

자전거나 우산의 손잡이는 왜 끈적거릴까?

자전거나 우산의 손잡이를 잡았을 때 끈적거림을 경험해 본 적이 있으신가요? 늘 일어나는 현상은 아니고, 보통 손잡이가 오랫동안 사람의 손을 타지 않았을 때 발생하곤 합니다. 사실 자전거나 우산 손잡이뿐만 아니라 키보드나 리모컨 같은 제품에서도 플라스틱이나 고무 등으로 된 부분이 끈적거리는 현상을 가끔 경험할 수 있습니다. 무언가가 묻어서 끈적거리겠거니 생각하고 넘어갔을 텐데, 진짜 이유가 뭘까요?

이 현상은 고분자 표면이 열이나 자외선, 산소 등에 의해 **열화**(내·외부적 영향에 의해 손상을 입는 것)되면서 고체의 성질보다 액체의 성

* 이 글은 최규환 님(캘리포니아대학교 산타바바라 화학공학 박사과정)의 투고를 바탕으로 재구성했습니다.

질을 더 많이 가질 때 나타납니다.

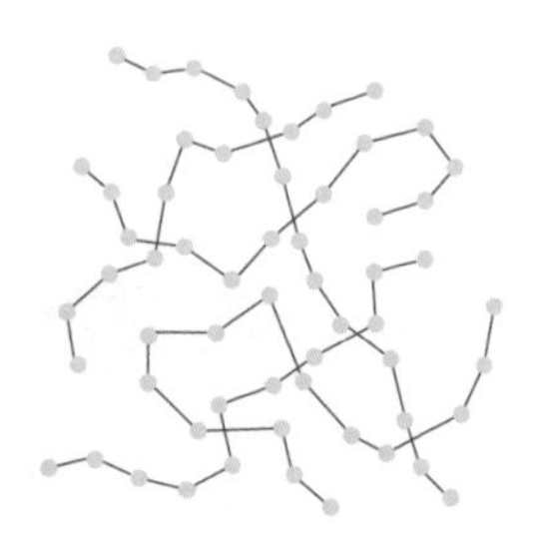

그렇다면 **고분자**가 뭘까요? 분자는 물질을 구성하는 최소 단위입니다. 고분자는 이러한 분자량이 높다는 뜻으로, 저분자 물질인 단위체가 화학 반응으로 서로 연결되면서 긴 사슬 형태를 이룬 것을 말합니다. 이때 고분자는 고체의 성질을 띕니다. 그런데 사슬을 이루는 그물 모양의 구조가 길게 변형되거나, 사슬이 끊어지면서 여러 개의 짧은 사슬로 변하면 액체의 성질을 띠게 됩니다. 이를 **고분자 열화**라고 하는데, 이해를 돕기 위해 가황 고무를 예로 들어 보겠습니다.

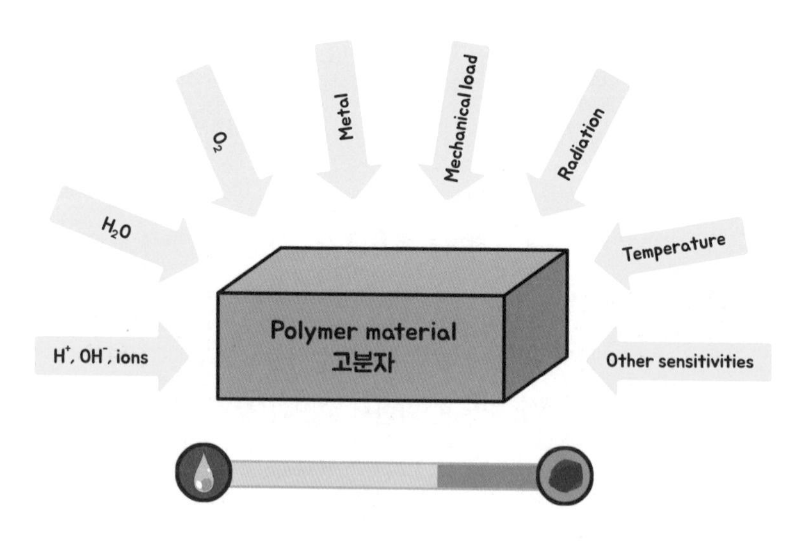

생고무에 **가황**vulcanization 공정을 거치면 탄력이 매우 강한 고무가 만들어집니다. 여기서 가황은 여러 가닥의 고분자 사슬이 엉켜 있는 상태에서 황을 첨가하여 사슬과 사슬 사이에 다리를 놓아 3차원의 그물 모양 구조로 만드는 화학 공정입니다. 그런데 시간이 지나면 황S, Sulfur으로 된 다리가 수분이나 자외선, 산소 등에 의해 끊어지곤 합니다. 그러면 앞서 말한 것처럼 여러 개의 짧은 사슬로 변하면서 액체의 성질을 띠고 끈적거리게 되며, 탄성이 크게 줄어서 쉽게 끊어지는 현상을 보입니다.

플라스틱의 경우는 고분자 열화가 일어나면 기계적 강도가 줄어들어서 약한 충격에도 쉽게 바스러지기도 합니다. 이처럼 고무나 플라스틱의 끈적임, 끊어짐, 바스러짐은 고분자의 열화로 나타난 현상입니다. 열화로 인해 형성된 짧은 분자 사슬들은 대체로 지용성(기름에 녹는 성질)이므로, 끈적거릴 때는 에탄올이나 파스, 살충제 등의 유기 용매를 이용하면 끈적임을 쉽게 제거할 수 있습니다.

휴대폰 케이스가 누렇게 변하는 이유

휴대폰의 투명 실리콘 케이스가 누렇게 변하는 것을 본 적이 있을 겁니다. 이는 자전거나 우산 손잡이가 끈적이는 것과 비슷한 이유로 일상에서 흔히 겪는 일 중 하나입니다. 실리콘 케이스의 주성분인 열가소성 폴리우레탄TPU은 이소시아네이트isocyanate와 폴리올polyol 분자를 합성해 만든 고분자 플라스틱입니다. 질기고 탄성이 있어서 충격 흡수에 좋으며, 무엇보다 가격이 저렴해서 많이 사용됩니다. 그런데 폴리우레탄은 자외선에 노출될 때 붉은색을 띠는 퀴노이드quinoid라는 물질을 생성하고, 소량의 퀴노이드는 우리 눈에 누런색으로 보입니다. 이로 인해 투명 실리콘 케이스가 햇빛에 오래 노출되면 누렇게 때가 탄 것처럼 변하는 겁니다. 요즘은 UV 차단 기능이 적용된 황벽 억제 케이스도 있다고 합니다.

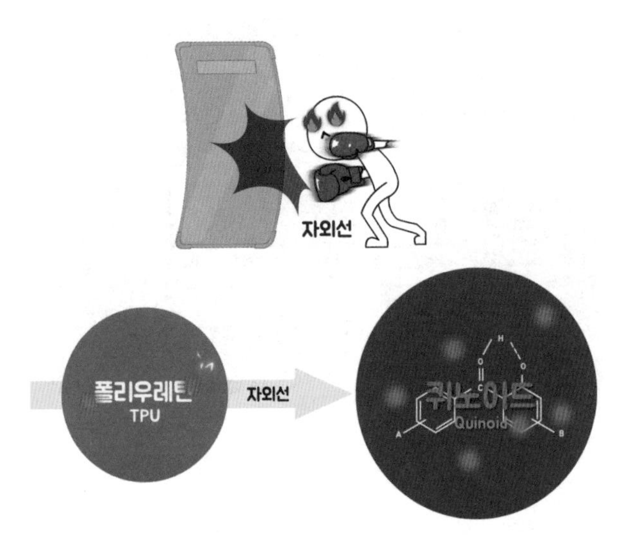

외로워.
나도....

이런 사람들에게 필요한 건

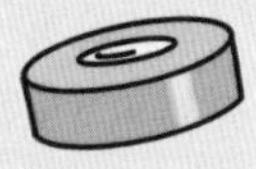

끈끈하게
지내보자.

24

스카치테이프가 여러 겹일 때 왜 노랗게 보이는 걸까?

스카치테이프가 무엇인지 다들 알고 있을 겁니다. 정확한 명칭은 '접착용 셀로판테이프'인데, 3M 사의 테이프 브랜드 '스카치Scotch'에서 이름을 따와 일반 명사처럼 쓰이고 있습니다.

테이프에는 여러 종류가 있습니다. 주제에서 말하는 스카치테이프는 투명한 셀로판의 한쪽 면에 점착제粘着劑가 칠해져 있는 테이프를 말합니다. 이 스카치테이프의 낱장을 떼어 내서 보면 투명한데, 떼어 내기 전에 롤 형태로 말려 있는 스카치테이프를 보면 노랗게 보입니다.

참고로 황색의 스카치테이프도 판매하고 있습니다. 이 테이프와

* 이 글은 최규환 님(캘리포니아대학교 산타바바라 화학공학 박사과정)의 투고를 바탕으로 재구성했습니다.

비교했을 때 롤 형태로 말린 투명 스카치테이프는 완전히 노랗게 보이는 것은 아니나 분명 노랗게 보입니다. 여기서 주제의 의문이 생깁니다. 낱장의 스카치테이프는 투명해 보이는데, 왜 여러 겹이 겹쳐 있으면 노랗게 보이는 걸까요?

우리 일상에서 사용하는 일회용 비닐봉지 묶음이나 랩 등을 떠올려보면 여러 겹일 때도 노랗게 보이지 않습니다. 즉, 어떠한 이유가 있을 것으로 보입니다.

결론을 말해 보면 점착제의 고유 색깔 때문입니다. 점착제로 사용되는 아크릴 소재 물질이나 합성 고무 등은 노란색을 띱니다. 물론 이것만으로는 설명이 부족한데, 원래 노란색이라면 낱장일 때도 노란색이어야 하지 않느냐고 반문할 수 있습니다. 지금부터 자세히 알아보겠습니다.

먼저 물체의 두께에 따라 빛이 흡수되는 정도인 흡광도와 관련 있는 비어-람베르트의 법칙Beer-lambert's law을 알아야 합니다. 흡광도

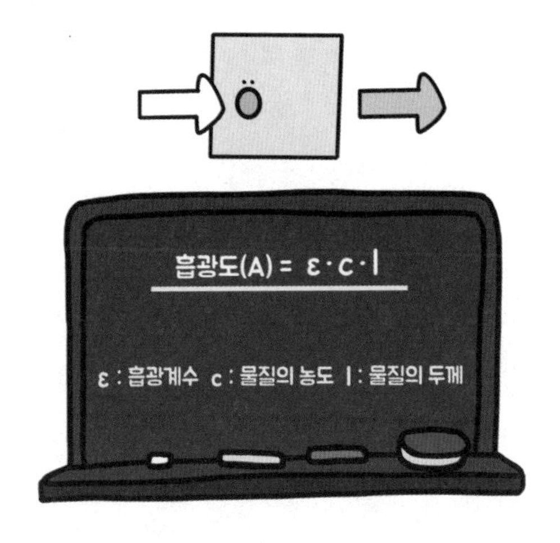

란 어떤 물질에 특정 파장을 가진 빛을 조사(광선이나 방사선 따위를 쬠)하였을 때, 특정 물질이 그 빛을 얼마나 잘 흡수하는지 정도를 나타내는 척도를 뜻합니다.

흡광도(A)는 공식으로 구할 수 있는데, 고체로 된 필름의 경우 흡광 계수와 농도가 일정하므로 변하는 것은 두께뿐입니다. 두께에 따라 빛이 물질을 통과하는 거리가 달라지겠죠. 그러니까 같은 물질을 두껍게 만들면 빛을 더 많이 흡수한다는 것인데, 낱장의 테이프는 두께가 100μm(1μm = 1×10^{-6}m) 이하로 매우 얇습니다. 이것을 돌돌 말아서 롤 형태로 두껍게 만들면 전체 테이프의 두께는 5~10mm 정도가 되므로 낱장의 테이프보다 20~100배나 두꺼워집니다. 두꺼워지면 흡광도가 높아지고, 이에 따라 흡수되지 않은 테이프 고유의 색이 잘 보이게 됩니다. 비슷한 이유로 얇은 유리는 투명해 보이지만 두껍게 만들면 청록색으로 보입니다.

4부

자다가도 생각나는 몸에 관한 궁금증

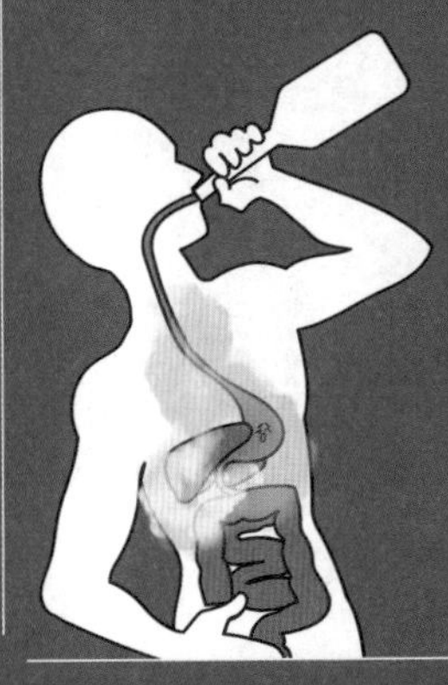

신기한
내 몸
두 개의
위치를 바꾸면
어떻게 될까?

위험해요!
만약 끈이
꼬인 것 같다면 즉시
병원으로 오세요!

25

고환의 위치를 바꾸면 어떻게 될까?

고환은 포유류 수컷의 생식 기관 중 정자를 생성하는 기관입니다. 사람의 경우는 남성의 복강 밖 음낭 속에 좌우로 각각 한 개씩 존재하고, 생김새는 타원형의 공처럼 생겼습니다. 살면서 자신의 신체에 호기심을 갖고 자세히 살펴본 적이 있을 텐데, 가끔 호기심이 많은 사람은 조금 위험한 시도를 하기도 합니다. 그중의 하나가 고환의 위치를 바꾸는 행위입니다. 동일한 신체 기관이 좌우로 두 개가 있으므로 서로 위치를 바꿔도 달라지는 것이 없다고 생각해서 이와 같은 일을 벌이는 것인데, 결론부터 말하면 절대 해서는 안 됩니다. 왜 안 되는지 그 이유에 관해서 알아보겠습니다.

* 이 글은 윤지환 님(비뇨기과 전문의)의 투고를 바탕으로 재구성했습니다.

고환은 동맥과 신경, 정관 등을 포함한 **정삭**이라는 관에 들어 있으며, 양쪽 사타구니부터 시작해 알려진 위치까지 내려와 자리를 잡게 됩니다. 통상적으로 임신 6~7개월부터 태아의 고환에 부착된 고환 길잡이가 고환을 음낭 아래쪽으로 끌어당겨 임신 8개월에서 출생 전까지 하강을 완료하며, 이후에는 **음낭간막**이 되어 고환의 위치를 고정합니다. (이 과정이 정상적으로 진행되지 않으면 잠복 고환증이라고 합니다.)

고환의 위로는 정삭이, 아래로는 음낭간막이 붙잡고 있고, 관들을 따라서 여러 겹의 막으로 감싸져 있으므로 고환의 위치를 바꾼다는 것은 불가합니다. 또한 음낭 한가운데에는 **음낭사이막**이라는 것이 존재하여 고환의 좌우 위치를 명확히 구분 짓고 있습니다.

하지만 인터넷을 검색해 보면 호기심에 장난치다가 고환의 위치가 바뀐 것 같다는 내용의 글을 쉽게 찾을 수 있습니다.

이 경우 여러 가능성을 따져볼 수 있는데, 가장 가능성이 큰 것은

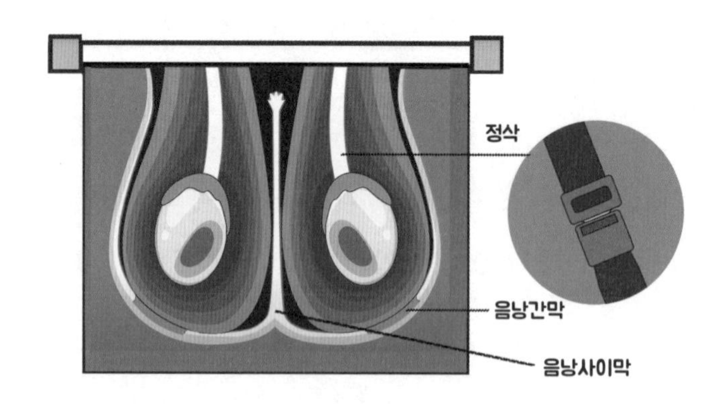

고환의 위치가 바뀌었다고 착각하는 것입니다. 그게 아니라면 가능성은 작지만 어떠한 이유로 음낭사이막이 뚫렸거나 선천적으로 음낭사이막이 존재하지 않는다는 것 정도를 생각해 볼 수 있습니다.

어쨌든 고환의 위치를 바꾸는 것은 불가하고, 괜히 위치를 바꾸려고 시도하다가 고환 염전증이 발생할 수 있습니다. 위아래로 정삭과 음낭간막이 붙잡고 있는 상황에서 고환을 강제로 회전시키면 정삭이 꼬일 수 있습니다. 정삭이 꼬이면 고환에 혈액이 흐르지 않게 되고, 자칫 괴사해서 제거해야 할 수도 있습니다. 이를 고환 염전(비틀림)증이라고 합니다.

따라서 이런 위험한 시도는 하지 말아야 하며, 만약 정삭이 꼬인 것 같다면 즉시 병원으로 가서 염전 제거 및 고환 고정술을 시행해야 합니다. 비뇨 의학적으로 골든 타임은 4~8시간이라고 하나, 2~3시간 이내에 조치하는 것이 좋습니다.

손가락을 보면
성격을 안다고?

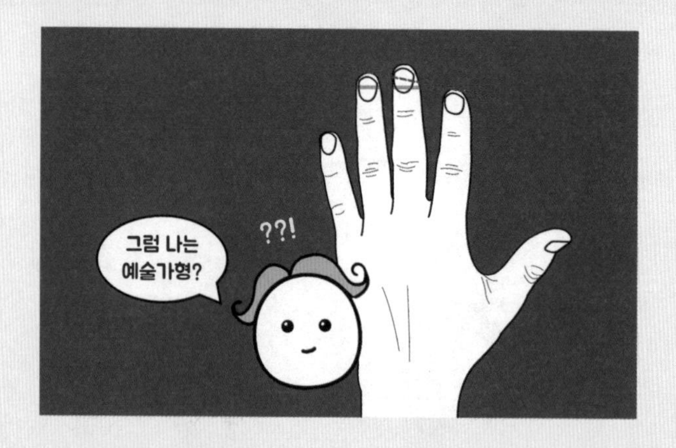
그럼 나는
예술가형?
??!

26

넷째 손가락은 왜 들어 올리기 힘들까?

주먹을 꽉 쥔 상태에서 다섯 손가락을 각각 하나씩 최대한 펴 보길 바랍니다. 이때 나머지 손가락은 꽉 쥔 상태를 반드시 유지해야 합니다. 아마 넷째 손가락인 약지는 펴기가 어려울 것이고, 중지도 완전히 펴기는 쉽지 않을 것입니다. 이때 약지를 새끼손가락과 함께 펴 주면 약지도 어느 정도 더 펴지고, 중지까지 함께 펴 주면 완전히 펴지게 됩니다. 그렇다면 넷째 손가락은 왜 단독으로 들어 올리기가 힘든 걸까요?

손가락을 움직이는 근육은 여러 개가 있습니다. 먼저 손가락을 굽히는 근육 중 엄지를 구부리는 것은 긴엄지굽힘근과 짧은엄지굽힘

* 이 글은 김의사박사 님(의사, '김의사박사의 이해하는 의학/과학 이야기' 유튜브 운영)의 도움을 받았습니다.

근이 담당하고, 나머지 네 개의 손가락을 구부리는 것은 얕은손가락굽힘근과 깊은손가락굽힘근이 담당합니다.

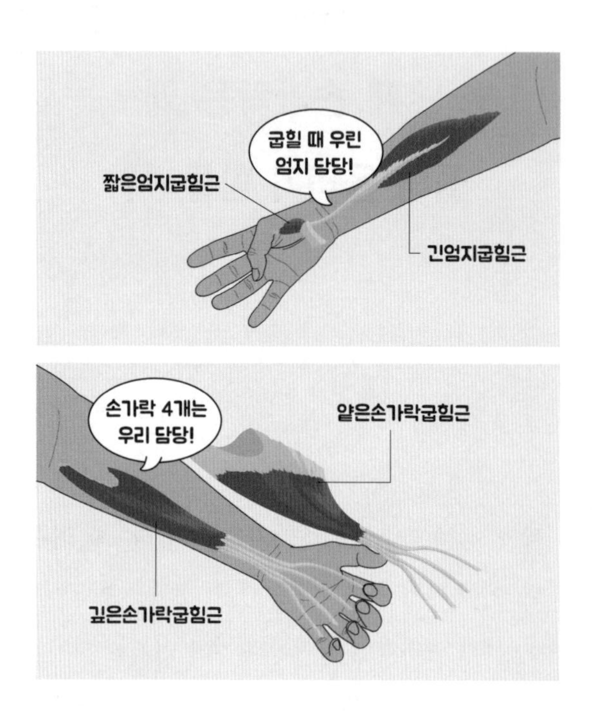

이들 근육의 대부분은 팔의 말초 신경 중 하나인 정중 신경이 담당하고, 깊은손가락굽힘근에서 약지와 새끼를 구부리는 부분은 자신경(척골 신경)이 담당합니다.

손가락을 펴는 근육도 손가락마다 다른데, 엄지로 가는 긴엄지폄근과 짧은엄지폄근이 있고 나머지 손가락 네 개로 가는 손가락폄근이라는 큰 근육이 있습니다. 또한 검지와 새끼손가락을 펴는 것을 돕기 위해 집게폄근과 새끼폄근이라는 근육이 하나씩 있습니다.

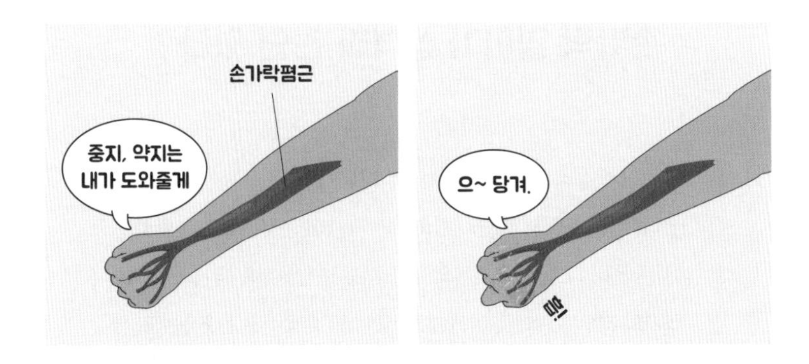

검지와 새끼손가락을 펴는 것은 이를 전담하는 근육이 각각 따로 있으므로 편하게 할 수 있습니다. 하지만 중지와 약지는 개별적으로 연결된 근육이 없으므로 이들을 펴려면 손가락 네 개에 한꺼번에 작용하는 손가락폄근을 수축해야 합니다. 그래서 약지를 든 상태로 중지를 펴 주면 약지가 더 펴질 수 있고, 이 상태에서 검지를 펴 주면 약지는 거의 완전히 펴집니다. 이때 손가락폄근은 새끼손가락과도 연결되어 있으므로 조금 당기는 느낌이 드는 것이고, 새끼손가락까지 마저 펴 주면 당김이 사라질 것입니다.

손가락 길이가 성격과 관련 있다?

손가락 길이가 성격과 관련 있다는 이야기가 많은데, 전혀 근거 없는 말은 아닙니다. 이는 국제 학술지 《네이처*Nature*》에 논문으로도 실린 내용으로, 남자는 태아 때 남성 호르몬의 노출 정도가 많을수록 약지가 검지보다 길고 여자의 경우는 반대로 여성 호르몬인 에스트로겐에 노출 정도가 많았을 때 검지와 약지의 길이가 같거나 검지가 약지보다 길다고 합니다.

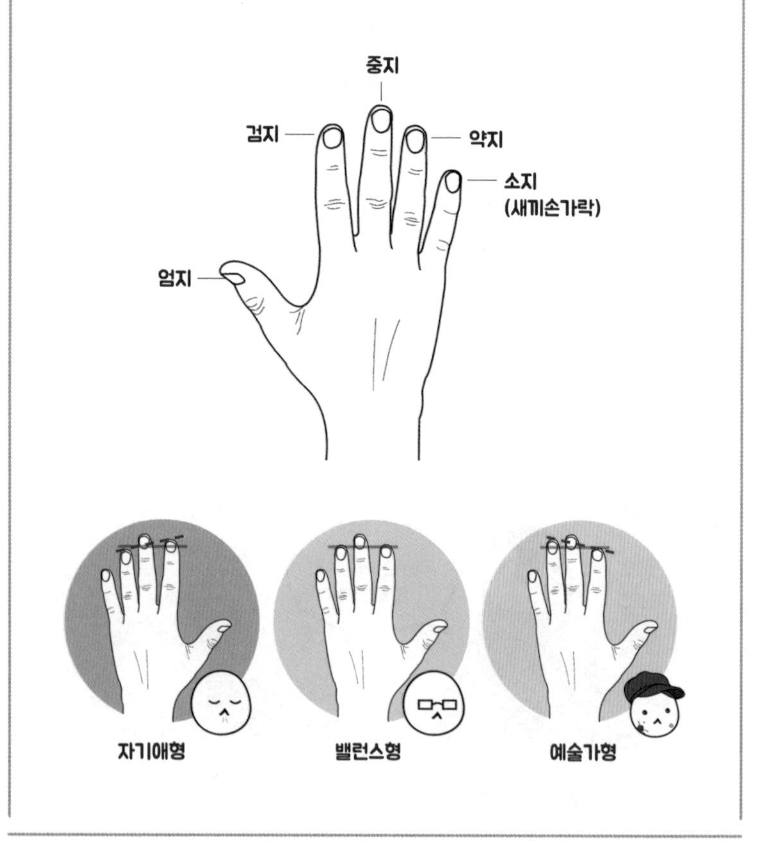

그리고 이에 따라 성격에 차이가 있다는 것입니다.

물론 어디까지나 그런 경향을 보인다는 이야기일 뿐 전적으로 그런 것은 아니므로 맹신할 필요는 없습니다. 성격은 선천적인 요인보다 후천적인 영향이 더 크다고 하므로 재미로만 확인하길 바랍니다.

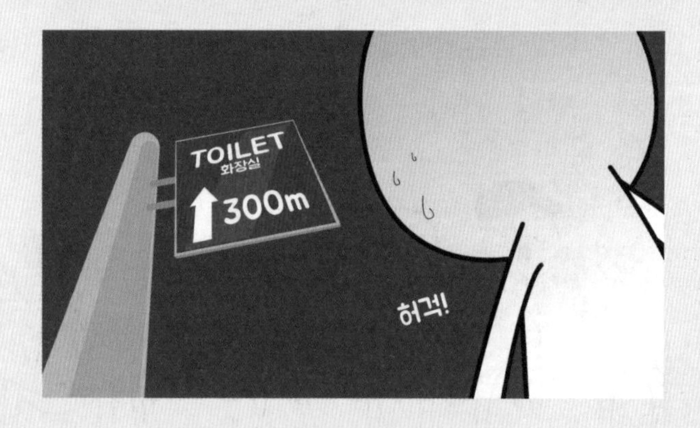
TOILET
화장실
300m
허걱!

27

똥 마려운 걸 참다 보면 왜 괜찮아질까?

사람은 주기적으로 대변을 봅니다. 이는 섭취한 음식물로부터 소화 과정을 통해 영양분을 흡수하고 남은 찌꺼기를 배출하기 위한 신체 활동입니다. 그런데 간혹 화장실에 가기 어려운 상황에서 대변이 마려울 때가 있습니다. 이때는 참는 방법밖에 없고, 자신과의 싸움이 시작됩니다. 그런데 힘든 싸움을 지속하다 보면 갑자기 괜찮아지는 순간이 오고, 그러다 금세 다시 화장실에 가고 싶어지는 경험을 해 본 적이 있을 것입니다. 왜 이러한 현상이 발생하는 걸까요?

우리가 섭취한 음식물은 구강-식도-위-소장-대장 순으로 이동

* 이 글은 김의사박사 님(의사, '김의사박사의 이해하는 의학/과학 이야기' 유튜브 운영)의 투고를 바탕으로 재구성했습니다.

한 뒤 대변으로 배출됩니다. 이 과정은 16~30시간에 걸쳐서 이루어지고, 이 시간 동안 소화를 통해 영양분과 수분 등을 흡수합니다. 이 의문을 해결하려면 음식물이 소장에서 대장으로 넘어간 뒤의 과정을 이해하면 됩니다. 보통 소장에서 대부분의 영양분을 흡수하므로 대장으로 넘어온 것들은 음식물 찌꺼기에 소화액, 장액 등이 섞인 액체에 가까운 상태입니다. 이것이 대장의 첫 부분인 맹장에 모이고, 대장의 길을 따라 천천히 이동하면서 탈수됩니다.

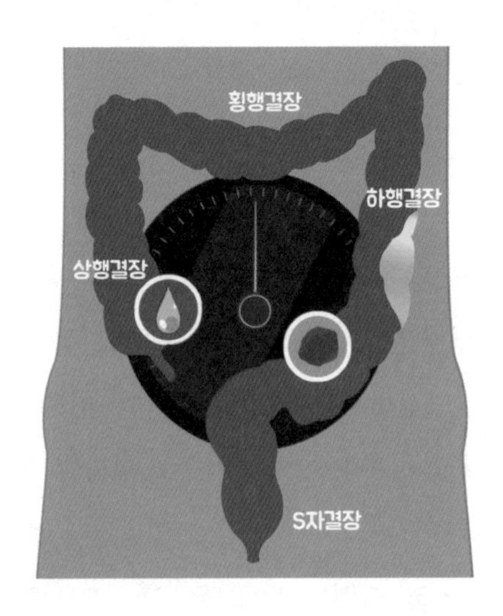

이 과정을 구체적으로 살펴보면, **상행결장**에서는 액체 상태에 가까웠던 것이 **횡행결장**을 지날 때는 죽 정도의 질감이 되고, **하행결장**을 지날 때는 반고체 상태였다가, **직장**으로 연결되는 부위인 **S자결장**을 통과하면서 일반적으로 알고 있는 대변의 상태가 된 뒤 항문을 통해 배출됩니다.

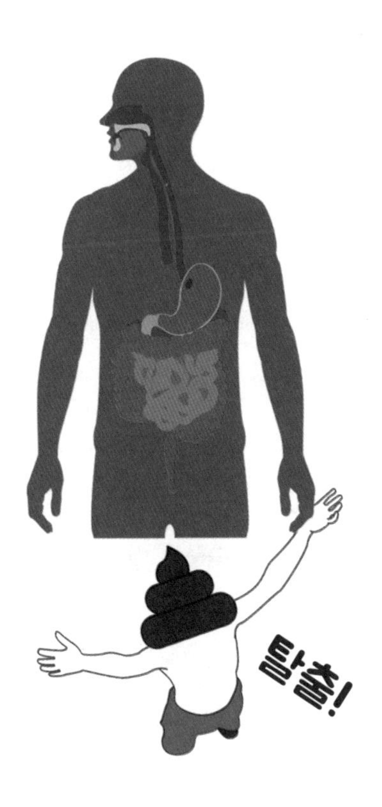

만약 장의 움직임이 빨라지면 음식물 찌꺼기가 대장을 지나가는 속도도 빨라지므로 탈수가 잘 이루어지지 않아 묽은 변이나 설사를 보게 됩니다. 반대로 장의 움직임이 느려지면 지나치게 탈수되어 변이 딱딱해지거나 변비 증상을 보입니다.

대장에서 위와 같은 과정이 진행되는 데는 8~15시간이라는 오랜 시간이 걸리고, 그러다 보면 전날 먹은 음식물이 다음 날까지도 제대로 배출되지 않을 수도 있습니다. 그래서 우리 신체는 특별한 장치를 마련해 놨습니다. 대장은 하루에 1~3회 정도 **배변 운동**을 일으켜 장의 움직임이 왕성해지도록 합니다. 대개 횡행결장을 강하게 조여서 직장 쪽으로 리드미컬하게 수축하면서 대변을 보게끔 유도합니다.

갑자기 대변이 마려운 이유는 바로 이 **배변 운동** 때문이고, 위와 소장이 자극을 받으면 배변 운동을 일으키므로 식사 직후에도 대변이 마려운 느낌이 드는 것입니다. 배변 운동은 30초 정도 지속하다가 2~3분 정도 이완하는 시간을 가집니다. 대변이 마려울 때 참다 보면 순간적으로 괜찮아지는 이유는 이완 상태에 있기 때문이고, 다시 대변이 마려운 이유는 수축과 이완의 과정을 반복하기 때문입니다.

이 단계에서 화장실로 직행해 해결하지 못하면 계속 참아야 하는데, 배변 운동은 10~30분간 지속하므로 견디다 보면 괜찮아지기도 합니다. 이렇게 한 번 배변 운동이 지나가고 나면 다음 배변 운동이 오기까지 한참 동안 대변이 마렵지 않을 수 있습니다.

맹장염? 충수염?

소장에서 대장으로 넘어가는 부분을 흔히 맹장이라고 합니다. 자세히 살펴보면 맹장 막창자의 아래쪽에 가느다란 꼬리 모양이 달려 있는데, 그 모양이 벌레 같다고 해서 벌레 충虫 자를 써 '충수'라고 합니다. 충수는 원래 풀을 소화하던 기관이지만, 인간이 잡식 동물이 되면서 퇴화한 것으로 추정됩니다. 여기에 염증이 생기는 걸 흔히 맹장염이라고 하는데, 충수염이 올바른 표현입니다. 충수염이 생기면 오른쪽 아랫배에 심한 통증이 있고 발열과 구토 따위의 증상이 나타나며, 그대로 놔두면 터져서 천공 복막염 따위의 합병증을 일으키므로 빨리 수술해야 합니다.

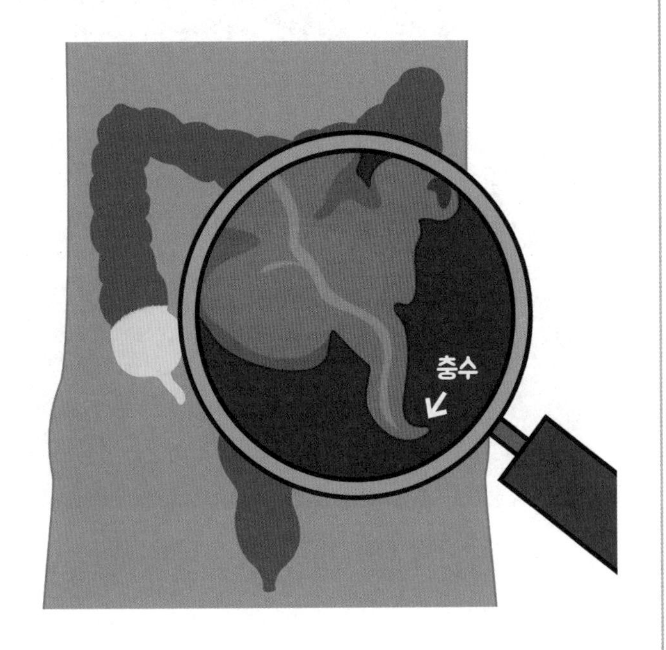

언제까지
버틸 수 있을까?
배고파...

나처럼 부지런히
살 좀 찌워두지.

28

조난 상황에서 비만인 사람이 더 오랫동안 버틸 수 있을까?

생물체가 생명을 유지하는 데 필요한 최소한의 에너지양을 기초 대사량이라고 하고, 신체를 움직이는 활동에 소모되는 에너지양을 활동 대사량이라고 합니다. 사람은 이러한 에너지를 유지하기 위해 주기적으로 음식물을 섭취합니다. 그런데 갑자기 조난 등의 상황이 닥친다면 음식물 섭취가 어려워질 수 있습니다. 이때 마른 사람보다 비만인 사람이 더 오랫동안 굶으면서 버틸 수 있을까요?

물론 굶는다고 해도 아예 아무것도 안 먹고 버틴다는 것은 아닙니다. 물과 소금 등을 섭취해 주어야 체액과 전해질을 유지할 수 있으므로 최소한 이를 섭취한다는 상황에서 이야기해 보겠습니다.

* 이 글은 김의사박사 님(의사, '김의사박사의 이해하는 의학/과학 이야기' 유튜브 운영)의 투고를 바탕으로 재구성했습니다.

몸무게가 70킬로그램인 성인 남성은 약 161,000킬로칼로리의 에너지를 체내에 비축하고 있습니다. 하루 동안 필요한 에너지양은 활동량에 따라서 1,600~6,000킬로칼로리이므로 이론적으로 따져 봤을 때 1~3개월 정도 사용할 수 있는 에너지양을 체내에 축적하고 있습니다. 참고로 여성은 체내 지방 비율이 남성보다 높아서 같은 체중일 경우에 더 많은 에너지를 체내에 비축합니다.

음식을 섭취하지 못하면 우선 체내에 축적된 에너지 중 탄수화물이 분해되기 시작합니다. 이후 탄수화물이 고갈되면 탄수화물을 분해해서 얻을 수 있는 포도당을 얻지 못하게 되고, 혈중 포도당 농도가 너무 낮아져서 저혈당 증상이 온다면 위험할 수 있습니다. 특히 뇌는 포도당을 에너지원으로 사용하므로, 인체는 혈당을 유지하는 것을 생존의 가장 중요한 목표로 설정합니다.

이것이 실전 압축!

문제는 효율적인 에너지 비축을 위해 대부분의 에너지를 지방 형태로 저장해 놨다는 것이고, 이 지방은 거의 당으로 전환할 수 없다는 겁니다. 어쨌든 단백질을 최대한 보존하는 것이 생존에 중요하므로 우리 몸은 주요 에너지원을 우선 탄수화물에서 지방으로 변경하고, 최악의 상황에 대비해 단백질 사용도 고려하면서 적응해 나갑니다.

일자별로 살펴보면, 굶은 첫날에는 혈당이 떨어지면서 간에 축적된 중성 지방triglyceride을 이용해 포도당 신생합성gluconeogenesis을 시작합니다. 그와 동시에 에너지를 얻을 혈당이 충분하지 않으므로 주요 에너지원을 지방과 단백질로 변경합니다. 근육의 단백질을 분해해서 에너지원으로 사용하는 과정에서 이와 같은 일이 일어나고, 평소라면 재활용했을 췌장 분비물 속의 단백질까지 분해해서 에너지원으로 사용하게 됩니다.

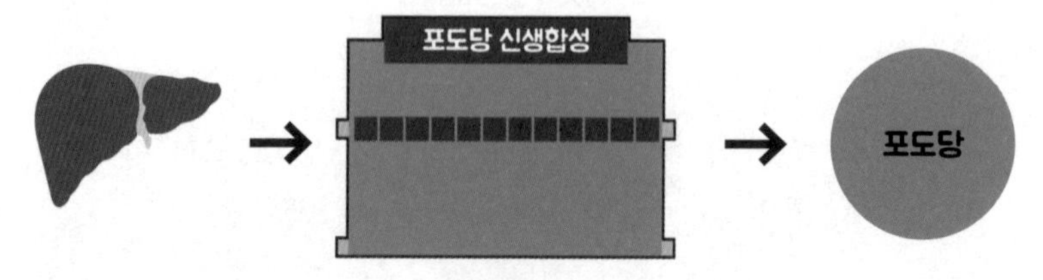

탄수화물이 아닌 물질로 포도당을 만드는 대사 경로

그런데 단백질을 분해해서 근육이 너무 줄어들면 생존에 오히려 불리해지므로 인체는 또한 근 손실을 최소화하려고 합니다. 그래서 굶은 지 사흘 정도가 지나면 간에서 지방을 분해하기 시작합니다. 지방산을 분해해서 에너지를 만드는 과정에서 케톤체(아세톤acetone, 아세토아세트산acetoacetate, D-β-하이드록시부티르산D-β-hydroxybutyrate 등 3가지 물질의 총칭)라는 것이 계속해서 생성됩니다. 간에서 대량으로 방출되는 케톤체는 고갈된 포도당 대신에 뇌의 에너지원으로 이용되며, 뇌는 필요한 에너지의 30퍼센트 정도를 케톤체에서 얻습니다. 그리고 심장, 신장, 근육도 케톤체를 에너지원으로 사용합니다.

굶은 기간이 몇 주 이상으로 길어지면 간이 지방에서 케톤체를 합성하는 효율이 높아지고, 케톤체가 뇌의 주요 에너지원이 됩니다. 뇌가 필요로 하는 포도당은 하루에 120그램 정도이지만 굶은 상태에 적응되면 필요한 포도당의 양이 40그램까지 감소합니다. 또한 케톤체 합성 효율이 높아지면서 단백질 분해도 줄어들어서, 초기에는 하루에 분해되는 단백질이 75그램씩이었다면, 몇 주가 지난 이

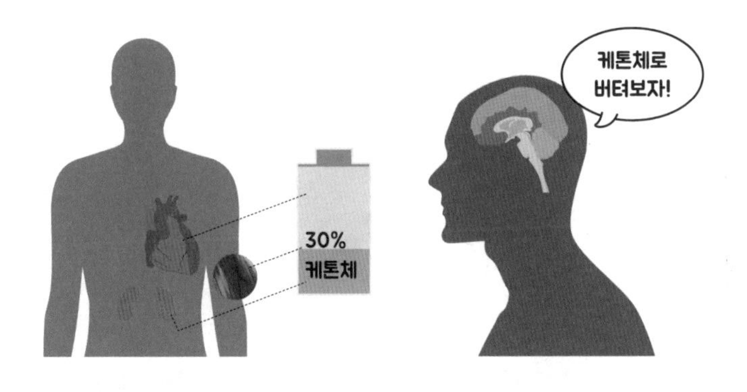

후부터는 20그램 정도로 줄어들어 굶는 상황에 적응합니다.

하지만 중성 지방도 언젠가는 고갈됩니다. 그 후에는 케톤체 합성도 불가능하므로 유일하게 남은 에너지원인 단백질 분해를 촉진하게 되어 주요 장기들(심장 등)이 분해됩니다. 이 과정에 들어서면서 서서히 죽게 됩니다.

과거에는 체내 단백질 축적량이 많아야 굶을 때 잘 버틸 수 있다고 여겼으나 최근에는 체내 지방 축적량이 중요하다고 여겨집니다. 지방이 많아야 단

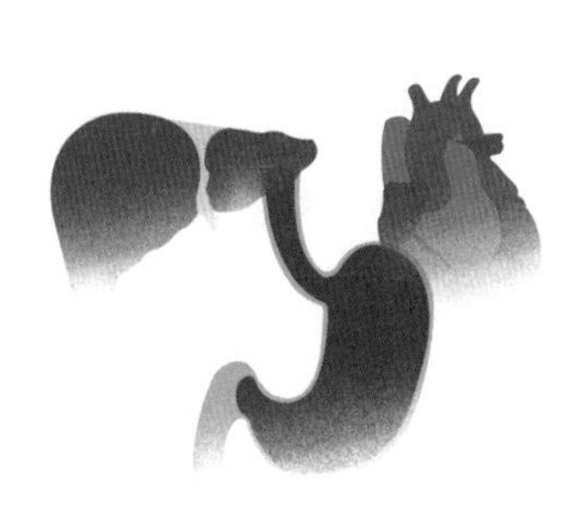

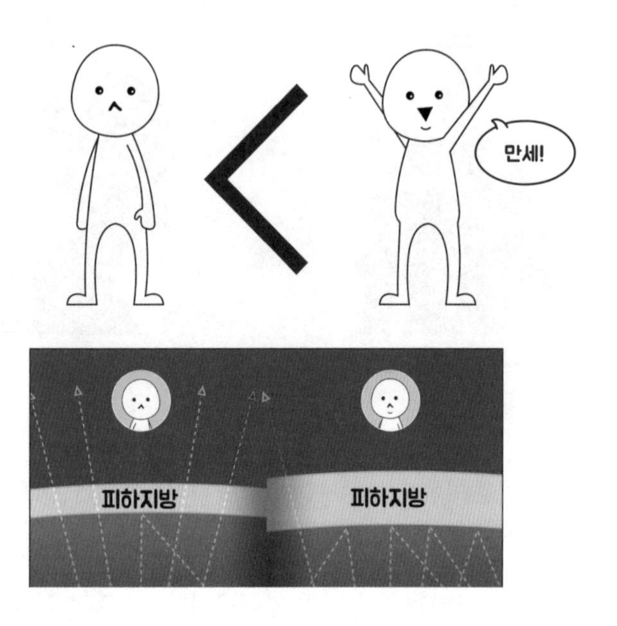

백질을 덜 소비해서 오랫동안 버틸 수 있으므로, 이론적으로는 비만인 사람이 굶는 것을 더 오래 견딘다고 할 수 있습니다. 또한 조난 상황이라면 비만인 사람이 체온 유지를 더 잘할 수 있고, 따라서 필요 에너지양이 적기에 역시나 유리합니다.

여기까지 주제의 의문을 이론적으로 해결했고, 실전 편으로 들어가 보겠습니다. 의외로 굶는 사람의 생리에 관한 연구는 최근까지도 많이 진행됐습니다. 단식 투쟁 등을 하는 사람들을 실험 표본으로 삼을 수 있기 때문입니다.

1998년 《영국의학저널*BMJ*》에 게재된 연구에 따르면 단식 시작 후 60시간이 경과했을 때 정상 체중인 사람은 단백질 분해가 활발하게 시작되었으나 비만인 사람은 그렇지 않았다고 합니다.

그리고 평소 체중의 10퍼센트 이상이 감소할 때 의학적인 감시medical monitoring가 필요한 상황이라고 하는데, 비만인 사람보다 정상 체중인 사람의 체중 감소 속도가 더 빠르므로 의학적인 감시도 더 빨리 요구됐습니다.

생쥐를 대상으로 한 연구에서도 마찬가지였습니다. 굶는 상황에서 보통 생쥐와 비만인 생쥐를 비교했을 때 비만인 생쥐가 더 빠르게 체내 대사와 호르몬 농도를 변화시켜 상황에 적응했습니다. 이는 당연히 생존에 유리한 행위이므로 더 오랫동안 굶을 수 있다는 이야기입니다.

성별에 따른 차이도 있습니다. 같은 신체질량지수BMI, body mass index일 때 여성이 남성보다 체내 지방 비율이 높은 덕분에 더 오랫동안 굶을 수 있습니다.

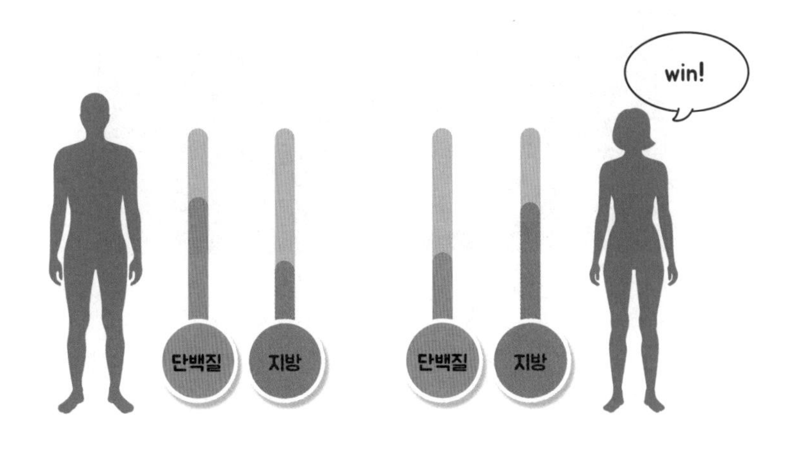

소주 마시면
세균도 소독되니까
염려 마!

과연 그럴까?

29

소주를 마시면 정말 위장이 소독될까?

소주는 에탄올(알코올)을 물에 희석해 술로 만든 것이며, 에탄올은 소독에도 사용되는 물질입니다. 따라서 소주를 마시면 속이 소독되지 않겠느냐고 생각하는 사람이 있습니다. 그런데 애초에 속을 소독해야 할 이유가 있을까요?

1970년대 우리나라 사람들의 장내 기생충 감염률은 80퍼센트 이상으로 매우 높았습니다. 요즘에는 2~3퍼센트 수준으로 감염률이 낮아졌으나, 위생 상태가 좋지 않은 생선회나 유기농 채소 등을 통해 기생충에 감염되는 사례가 종종 있습니다. 특히 생선회를 먹을 때는 기생충 감염에 각별히 주의해야 하는데, 어르신들이 생선회를 먹으며 술을 마시면 속이 소독되어 기생충이 죽으니까 괜찮다는 이야기를 하곤 합니다.

결론부터 말하면 술을 마셔서 속을 소독하는 것은 매우 어렵습니다. 이유가 뭘까요?

소독할 때 에탄올을 사용하는 이유는 살균력이 좋기 때문입니다. 에탄올은 삼투 능력이 커서 세균 표면의 막을 뚫고 들어가 단백질을 응고시켜 세균을 죽일 수 있습니다. 소독용으로 사용하는 에탄올의 농도는 70~80퍼센트입니다. 농도 100퍼센트의 에탄올은 단백질을 응고시키는 능력이 너무 뛰어나서 세균 표면에 단단한 막biofilm을 형성하므로 세균이 오히려 죽지 않기 때문입니다.

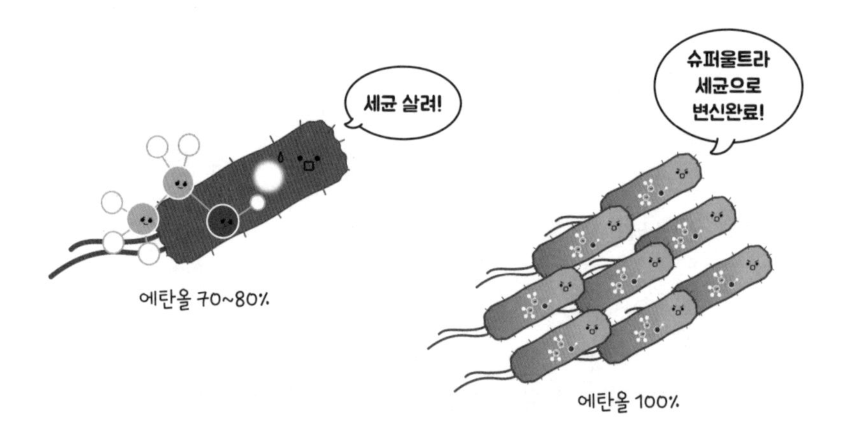

그렇다고 농도가 너무 낮아서도 안 되는데, 소독 효과를 기대하려면 에탄올 농도가 최소한 50퍼센트 이상이어야 합니다. 하지만 일반적인 소주의 에탄올 농도는 이보다 훨씬 낮으므로 소독 효과를 기대할 수 없다는 겁니다.

그렇다면 에탄올 농도가 50퍼센트 이상인 술을 마시면 소독 효과를 기대할 수 있지 않을까요? 실제로 에탄올 농도가 50퍼센트 이상인 독한 술이 존재하므로 타당한 질문입니다. 이론적으로 술의 에탄올 농도가 50퍼센트 이상이고, 장이나 구강 조직에 술을 충분한 시간 동안 노출시킬 수 있다면 소독 효과를 기대할 수 있습니다. 하지만 에탄올은 체내에 빠르게 흡수되고, 술을 마실 때 순수하게 술(에탄올과 물)만 마시는 것이 아니므로 현실적으로 어려움이 많습니다.

그렇다면 노출된 상처에는 술을 사용해도 될까요? 마실 필요 없이 부어 버리면 되고, 드라마나 영화 등에서 보드카 같은 술을 상처에 붓는 장면이 종종 나오는 것을 보면 가능하지 않을까 싶습니다.

앞서 에탄올 농도가 50퍼센트 이하인 술에서는 소독 효과를 기대하기가 어렵다고 했는데, 독한 술에 속하는 위스키나 보드카도 에

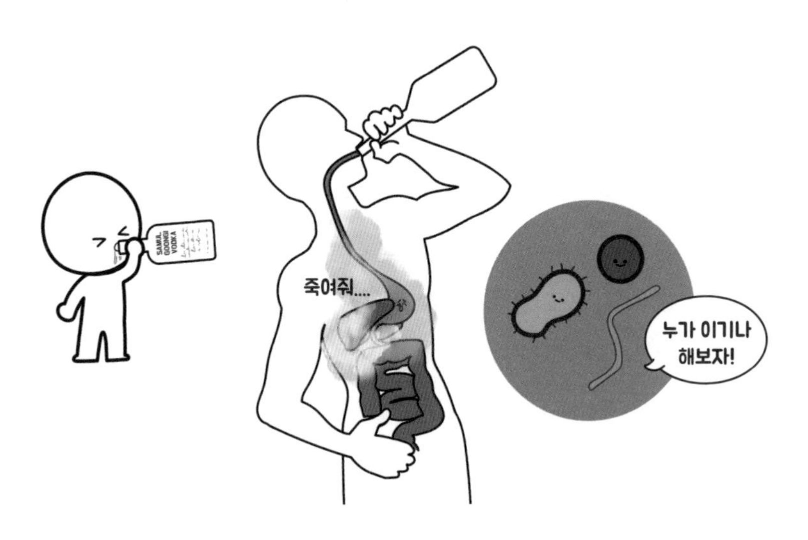

탄올 농도가 40퍼센트 수준밖에 되지 않습니다.

무엇보다 술에는 여러 첨가물이 들어 있습니다. 첨가물 중 당분은 세균 증식을 도와주므로 상처 소독을 위해 술을 붓는 것은 바람직하지 않습니다.

끝으로 약국에서 소독용 에탄올을 직접 구입해서 사용할 때 알아두어야 할 점이 있습니다. 구입한 소독용 에탄올의 성분 함량을 살펴보면 100밀리리터 중 83밀리리터라고 적혀 있을 겁니다. 앞서 소독 효과가 좋은 농도는 70~80퍼센트라고 했으므로, 이보다 높은 수치가 적힌 것을 보고 임의로 물을 넣어 희석하는 경우가 있습니다. 그런데 약국에서 판매하는 제품은 순도 100퍼센트가 아니라 95퍼센트 정도의 에탄올을 사용하므로, 제품의 실제 농도를 계산해보면 78~79퍼센트 정도입니다. 즉, 따로 희석해서 사용하지 않아도 됩니다.

에탄올과 메탄올이나 그게 그거냐고요?

종종 에탄올과 메탄올을 헷갈리는 경우가 있습니다. 이름도 비슷하고 구성하는 원자의 종류도 같습니다. 화학식을 보면 에탄올은 C_2H_5OH이고 메탄올은 CH_3OH로 결합한 원자의 숫자만 차이가 납니다. 하지만 성격은 완전히 다릅니다. 에탄올이 인체를 흥분시키고 마취 작용을 하는 것과 달리 메탄올은 독성이 강해 소량이라도 마시면 실명과 뇌 손상, 사망 등을 초래할 수 있으므로 매우 주의가 필요한 품목입니다. 지금은 규제가 강화되어 판매되지 않고 있으나 메탄올은 독약이라고 생각하면 됩니다.

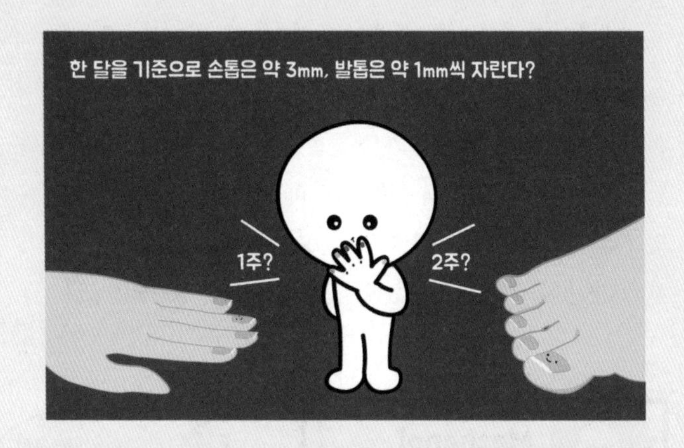
한 달을 기준으로 손톱은 약 3mm, 발톱은 약 1mm씩 자란다?
1주?
2주?

톡
톡
톡
톡

30

손톱과 발톱은 어디서 나와서 자라는 걸까?

한 달을 기준으로 손톱은 약 3밀리미터씩, 발톱은 약 1밀리미터씩 계속 자란다고 합니다. 그래서 주기적으로 손발톱을 깎아 줘야 하는데, 피부도 아니고 뼈도 아닌 이런 딱딱한 것이 우리 몸 어디에서 나와서 어떻게 자라는 걸까요?

신체에서 뼈를 제외하고 단단한 부위 두 곳이 치아와 손발톱입니다. 참고로 치아가 가장 단단하고, 손발톱이 두 번째로 단단해서 치아로 손톱을 물어뜯을 수 있는 것입니다. 뼈나 치아와 달리 손발톱은 평생 자랍니다. 그렇다면 우리 몸에서 계속 자라나는 게 또 뭐가 있을까요? 바로 털(모발)입니다.

사실 손발톱이 자라는 원리는 모발이 자라는 원리와 크게 다르지 않은데, 손발톱은 뼈나 치아처럼 딱딱해서 이것이 계속 자란다는

것이 신기하게 느껴지는 것 같습니다.

손발톱은 표피 세포가 각질화keratinization한 피부의 부속물입니다. 손발톱 아래쪽을 보면 하얀 반달 모양이 보일 텐데, 이 부위를 **조반월**爪半月이라고 합니다. 조반월 아래에 있는 손톱 뿌리에서 분열해 만들어 낸 세포가 죽으면 딱딱해지고 바깥쪽으로 밀려나면서 손발톱이 만들어집니다.

조반월은 아직 각질화되지 않은 부위로, 손톱의 다른 부위보다 세 배 이상 두껍습니다. 왜 이 부분만 흰색인지 많이들 궁금해하는데, 두께 차이에 따라 투과되는 광선의 반사율이 높으므로 하얗게 보입니다.

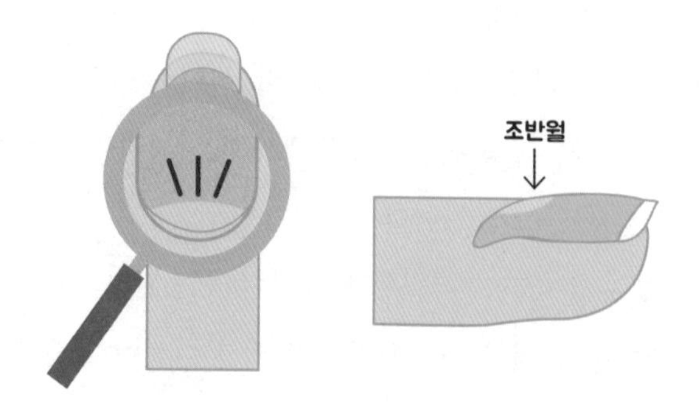

조반월에서 바로 이어지는 손발톱은 그 아래에 있는 혈관의 색이 비쳐서 붉게 보이는 것이고, 손발톱 끝부분의 반투명 흰색이 원래 손발톱의 색입니다. 그런데 손발톱이 표피 세포가 각질화해 만들어진 피부의 부속물이라면 무슨 원리로 피부와 다르게 단단한 걸까요?

손발톱은 섬유 단백질인 케라틴keratin이 주성분이지만, 여러 층으로 겹겹이 쌓여 있는 덕분에 단단합니다. 손발톱은 3층 조직으로 구성되어 있으며, 가운데 층은 손발톱 뿌리의 조반월과 평행하게 자라는 케라틴 섬유를 가지고 있어서 이 섬유가 손발톱이 손상될 때 뿌리 쪽으로 갈라지는 것을 막아 줍니다. 이와 비슷한 구조로 말발굽과 전복 껍데기가 있습니다. 그리고 바깥쪽의 나머지 두 개 층은 케라틴 섬유들이 무작위로 정렬되어 있어서 강력하게 결합할 수 있습니다.

왜 손톱이 발톱보다 빨리 자랄까?

여러분은 손톱과 발톱을 몇 주 간격으로 깎나요? 아마 손톱은 자주 깎아도 발톱은 그보다 가끔 깎을 것입니다. 발톱을 깎으려고 보면 별로 자라 있지 않기 때문인데, 실제 손톱이 발톱보다 2~4배 빠르게 자랍니다. 왜 이런 차이를 보이는 걸까요?

아직 명확히 밝혀진 내용은 아니지만, 손발톱은 계절, 나이, 영양 상태, 질환 등 다양한 요인에 의해 자라는 속도가 달라진다고 합니다. 보통 겨울보다 여름에 잘 자라고, 나이가 어릴수록 더 잘 자랍니다. 반대로 영양 결핍이나 무좀, 감기 등의 질환이 있을 때는 자라는 속도가 느려집니다.

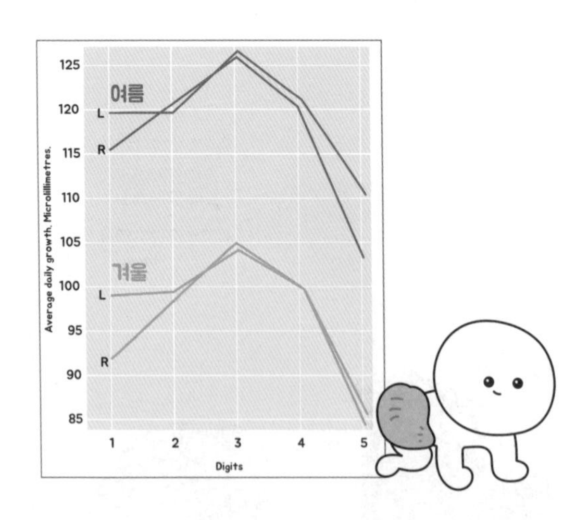

또한 오른손잡이는 오른쪽 손발톱이 더 빨리 자라는데, 이를 보면 물리적 자극이 손발톱의 성장 속도에 영향을 미친다고 생각해 볼 수 있습니다. 손가락 중에서도 외부로부터 자극을 많이 받는 중지의 손톱이 가장 빨리 자라는 것이 그 근거입니다. 과학적으로 증명된 내용은 아니나 피아니스트처럼 손톱에 자극을 많이 주는 직업을 가진 사람들의 손톱이 더 빨리 자란다고도 합니다.

모자 벗으면
더 멋질 텐데
뭐하러...?

31

탈모는 왜 주로 앞머리와 윗머리에 생길까?

정상적으로 모발이 존재해야 할 부위에 모발이 없는 상태를 탈모라고 합니다. 요즘은 나이와 성별 구분 없이 많은 사람이 탈모를 겪는다고 하는데, 일반적으로 발생하는 탈모의 원인은 유전적인 영향이 절대적입니다. 유전에 의한 탈모는 대부분 남성에게서 발생하며, 나이가 많아질수록 발생 확률이 높아집니다. 반면에 여성은 스트레스나 출산, 다이어트 등의 외부 요인에 의한 여성형 탈모가 주로 발생합니다.

일반적인 탈모의 원인은 5-알파 환원효소5α-reductase라고 알려져 있습니다. 5-알파 환원효소가 남성 호르몬인 테스토스테론을 다이하이드로테스토스테론dihydrotestosterone, DHT으로 바꾸고, 이 DHT가 모낭에 작용하여 탈모를 유발한다고 합니다.

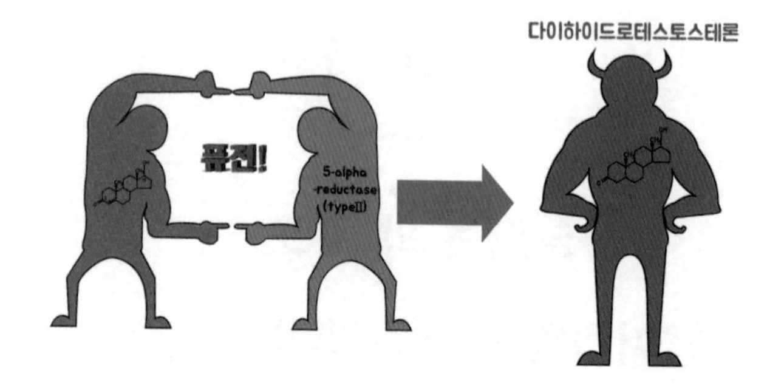

탈모는 외모에 지대한 영향을 미치므로 탈모가 발생하면 극심한 스트레스를 받습니다. 하지만 현재의 의학 기술로는 탈모 치료가 불가능하고, 탈모약을 써도 단순히 DHT의 생성을 낮춰서 탈모의 진행을 멈추는 정도만 가능합니다.

탈모인 사람들을 보면 주로 앞머리부터 탈모가 시작되어 정수리 쪽으로 진행됩니다. 그러다 최종적으로는 앞머리와 윗머리가 사라지고 옆머리와 뒷머리만 남는 형태를 보입니다. 왜 앞머리와 윗머리에서만 탈모가 발생하는 걸까요? 차라리 옆머리와 뒷머리에서 탈모가 생기고 앞머리와 윗머리가 남았더라면 더 나았을 수도 있을 텐데 말입니다.

이와 관련해서 탈모 전문의의 말을 들어보면 두 가지 답변이 나옵니다. 첫 번째로 5-알파 환원효소는 제1형과 제2형이 있으며 테스토스테론이 DHT로 변하려면 모발 내에 5-알파 환원효소 제2형이 필요하다고 합니다. 그런데 이 효소는 옆머리와 뒷머리에는 존재하지 않고 앞머리와 윗머리에만 존재한다는 것입니다.

두 번째는 옆머리와 뒷머리의 두피는 당겨질 일이 없고 항상 두피 속살이 두껍게 유지되므로, 혈액 순환이 잘 되고 필수 영양분이 충분히 공급될 수 있어서 모발이 잘 자란다는 것입니다.

탈모가 진행되어도 빠지지 않는 옆머리와 뒷머리 덕분에, 이를 이용한 모발 이식을 할 수 있습니다. 다행히 모발을 다른 곳에 이식해도 본래의 성질을 잃지 않는다는 '공여부 우성donor dominance'에 따라, 앞머리나 윗머리에 이식해도 옆머리와 뒷머리는 고유의 성질을 그대로 유지합니다. 그래서 관리만 잘하면 빠지지 않지만, 자칫 관리가 허술하면 이식한 모발도 빠질 수 있다고 합니다.

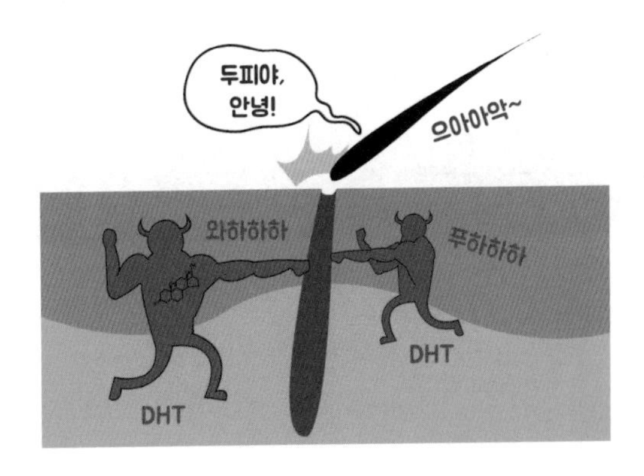

이건
연기였습니다.

32

칼에 찔리면 정말 입에서 피를 토할까?

드라마나 영화를 보면 칼로 사람을 찌르는 장면이 종종 나옵니다. 칼에 찔린 사람은 순간 멈칫하다가 상처 부위에 손을 가까이 가져갑니다. 그리고 갑자기 입에서 피를 왈칵 토해 내면서 천천히 쓰러집니다. 일상에서 누군가가 칼에 찔리는 모습을 보는 일은 극히 드물기 때문에 많은 사람이 드라마나 영화에서 본 것처럼 칼에 찔리면 입에서 피를 토하는 줄 알고 있습니다. 그런데 배나 등에 칼을 찔렸는데 왜 입에서 피를 토해 내는 걸까요?

생각해 볼 수 있는 메커니즘은 칼에 찔려서 신체 내부에 출혈이 발생했고, 그 피가 역류해서 입으로 나왔다는 것입니다. 하지만 실

* 이 글은 설현우 님(외과 의사, '닥터설' 유튜브 운영)의 도움을 받았습니다.

제 상황에서는 이런 일이 쉽게 일어나지 않습니다. 칼에 찔렸을 때 입에서 피를 토하려면 위장이나 식도 등 소화기 계통이나 폐 등 호흡기 계통에 문제가 생겨야 합니다. 즉, 신체 내부 기관에서 출혈이 발생해 내장에 피가 고이고, 소화계를 따라 피가 이동하면서 이물질을 뱉어 내려는 **구토 반사**가 일어나야 입으로 피를 토해 낼 수 있습니다. 만약 이런 상태라면 매우 심각한 수준의 장기 손상이 발생했을 것입니다.

또한 폐 등에 피가 고였을 때도 **기침 반사**가 일어나 피를 토할 수 있습니다. 이와 비슷한 상황이 물에 빠진 사람에게 심폐 소생술을 하면 물을 토하면서 깨어나는 것입니다. 이때 토해 낸 물은 폐에서 나온 것으로, 칼에 찔렸을 때는 물 대신 피가 폐에 고였다고 생각하면 됩니다. 하지만 그 정도로 피가 고이기 전에 이미 사망할 확률이 매우 높으므로, 입에서 피를 왈칵 토해 내는 상황은 사실상 발생하지 않는다고

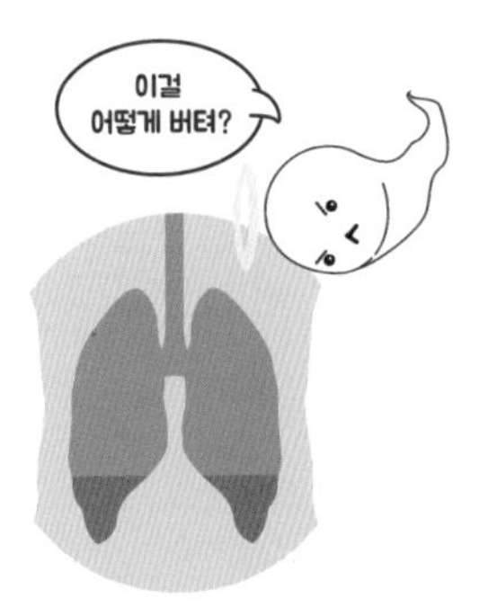

할 수 있습니다. 드라마나 영화에서는 극적인 장면을 연출하기 위해 그런 장면을 넣은 것입니다.

그렇다면 살면서 칼 같은 흉기에 찔리는 상황이 정말로 발생한다면 어떻게 해야 할까요? 많은 사람이 당황하고 고통스러워 몸에 박

힌 흉기를 즉시 제거하려고 시도할 텐데, 이는 매우 위험한 행동입니다. 흉기를 강제로 제거하려다가 상처 부위가 벌어지거나 흉기 파편이 남을 수 있고, 과다 출혈이 발생해 쇼크로 사망할 수도 있습니다. 따라서 흉기가 박힌 상태 그대로 병원에 가야 합니다. 장기든 혈관이든 흉기에 직접 찔린 상황이라면 오히려 흉기가 근육과 함께 지혈해 주고 있을 가능성이 큽니다.

의학 드라마 속 궁금한 이야기

의학 드라마를 보면 기흉(흉막강 안에 공기나 가스가 차면서 폐가 쭈그러든 상태)이 발생한 환자에게 볼펜 등을 이용해 가슴(늑골 2~3번 사이)에 관을 꽂는 장면이 종종 나옵니다. 실제로도 이렇게 할까요?
만약 환자가 숨을 아예 못 쉬는 상황이라면 이런 선택을 해야 할 수도 있습니다. 다만, 소독이 제대로 안 된 볼펜을 이용했으므로 폐 안에 감염이 생겨서 패혈증이 올 수도 있습니다. 그래도 당장 생명이 위태로운 것보다 감염된 이후 처치를 받는 것이 나을 겁니다.
심전도 기계의 그래프가 일직선이 되는 순간 제세동기를 이용해 전기 충격을 가하는 것도 단골로 등장하는 장면입니다. 심전도 기계가 제대로 부착되었는데도 맥박이 없는 상황이라면 '심정지asystole'로 진단됩니다. 이때는 제세동기를 사용하는 것이 아니라 심폐 소생술CPR을 시행해야 합니다.

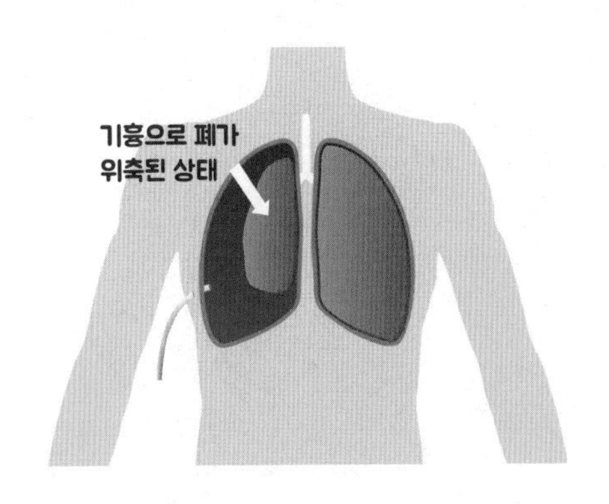

5부

몰라도 되지만 어쩐지 알고 싶은 잡학 상식

안 죽어!
신나게 가보자.
오케이~

벨트 안 매면
진짜 가는 수도....

33

기차와 시내버스에는 왜 안전벨트가 없을까?

안전벨트는 탑승자를 좌석에 고정시켜 충돌 사고 시 피해를 최소화해 주는 안전장치입니다. 이는 생명과 직결되므로 대부분의 운송수단에 의무적으로 설치하도록 되어 있습니다. 안전벨트를 하지 않은 채 충돌하면 탑승자는 충격을 견디지 못하고 목숨을 잃게 됩니다. 실제로 교통사고에 의한 사망의 대부분은 안전벨트를 하지 않은 경우라고 합니다. 사람들이 안전벨트를 하지 않는 이유는 불편함과, 설마 사고가 나겠느냐는 안일한 생각 때문입니다.

그런데 기차에서는 안전벨트를 볼 수 없습니다. 기차의 운행 속도가 느린 것도 아닌데 말입니다. 기차는 정해진 경로를 따라가므로 충돌 위험이 없다고 판단한 걸까요?

기차에 안전벨트를 도입하고자 하는 논의도 있었으나, 사실 이

것은 실효성에 관한 문제입니다. 기차에서 사고가 발생했을 때 안전벨트를 한 경우의 사망률이 그렇지 않은 경우보다 더 높습니다. 안전벨트를 하지 않는 것이 더 안전하다는 말이 의아할 텐데, 기차의 무게는 약 1,000톤입니다. 워낙 무게가 많이 나가므로 충돌이 발생했을 때 기차보다는 기차와 충돌한 쪽이 더 큰 피해를 봅니다. 충돌·탈선 등에 의한 사고로 기차가 전복되었을 때 안전벨트를 착용하고 있으면 오히려 대피나 구조에 방해가 됩니다.

또한 기차는 급발진이나 급제동의 위험이 거의 없습니다. 출발할 때에 속도가 천천히 올라가므로 급발진을 할 일이 없고, 급제동할 때는 약 1분 동안 3킬로미터가량의 제동 거리를 지난 후에야 정지하므로 이로 인한 충격도 발생하지 않습니다.

2007년 영국의 철도안전 표준위원회RSSB에서 기차 내 안전벨트의 안전성에 관해 연구한 자료에 따르면, 안전벨트를 착용한 상태

에서 사고가 발생하면 사망자가 약 6배 이상 늘어날 것이라고 합니다. 따라서 열차의 안전성을 강화하기 위해서는 충돌 시 기차의 충격 완화에 더 신경 쓰거나, 사고가 발생했을 때 승객이 최대한 빠르게 탈출할 수 있도록 기차 구조를 개선하는 것이 더 합리적입니다.

그러면 시내버스에는 왜 안전벨트가 없을까요? 국토 교통부의 '자동차 및 자동차 부품의 성능과 기준에 관한 규칙 제27조'에 따르면 시내버스는 안전벨트를 설치하지 않아도 된다고 합니다. 여기에는 여러 합리적인 이유가 있는데, 일단 버스 정류장의 간격은 400~800미터로 짧습니다. 짧은 거리를 이동하는 데다 교통 신호의 통제를 받으므로 속도가 그렇게 빠르지 않고, 대형 사고로 이어질 확률이 낮습니다.

또한 안전벨트 설치를 시내버스에도 의무화한다면 입석 승객에 관한 문제가 발생합니다. 즉, 서 있는 승객은 안전벨트를 착용할 수 없으므로 못 타게 해야 합니다. 이를 가능하게 하려면 전면 좌석제를 시행해야 하고, 한 번에 수송 가능한 인원이 줄어든 만큼 버스의 운행 횟수를 대폭 늘려야 하는데, 이는 현실적으로 어려움이 많습니다. 즉, 시내버스를 안전벨트 착용의 예외로 둔 것은 편의와 안전의 딜레마에서 편의를 택한 결과입니다.

안전벨트의 원리

물체는 원래 운동 상태를 계속 유지하려는 성질을 갖는다는 게 관성의 법칙입니다. 달리던 차가 급정지해도 관성 때문에 바로 서지 못하고 앞으로 밀려 나가 사고가 나곤 합니다. 이때 차 안의 사람들은 앞으로 튕겨 나가기 때문에 몸의 쏠림을 막는 안전벨트가 꼭 필요합니다.

그런데 맬 때는 당기는 대로 쭉쭉 늘어나는 벨트가 급정지할 때는 고정되는 원리가 무엇일까요? 벨트가 감긴 톱니바퀴는 평소에는 잠금쇠와 떨어져 있기에 당기면 쉽게 풀립니다. 하지만 급정지 시 잠금쇠와 연결된 추는 관성에 의해 앞으로 쏠리고, 잠금쇠는 아래로 기울어집니다. 이때 톱니의 홈에 잠금쇠가 걸리면서 벨트가 고정되는 구조입니다.

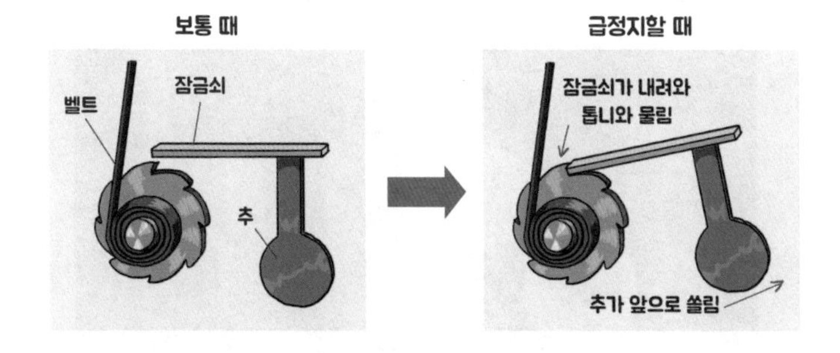

나 잡아봐라!

간단히
따돌렸군!

34

드라마 속 경찰차는 왜 범인 근처에서도 사이렌을 안 끌까?

국민의 생명과 재산 보호 및 사회 공공의 질서를 유지하기 위하여 일반 통치권에 의거, 국민에게 명령·강제해 자연적 자유를 제한하는 행정 작용을 하는 집단을 '경찰'이라고 합니다. 경찰이 하는 일이 무엇인지 잘은 몰라도 국가의 치안 업무를 주로 담당한다는 것은 알 것입니다. 실제 경찰이 출동해서 범인 등을 제압하는 모습을 보는 것은 드문 일이고, 보통은 경찰차로 순찰하거나 검문하는 모습, 교통 신호를 정리하는 모습 등을 보게 됩니다.

경찰이 범인을 제압하는 모습은 오히려 드라마나 영화 등에서 접할 수 있는데, 이런 장면을 보면 경찰차는 범인 가까이에 접근할 때도 사이렌을 끄지 않습니다. 덕분에 이 사이렌 소리를 들은 범인이 도망가는 상황이 자주 연출됩니다. 이런 장면을 보면서 경찰이 왜 몰래 가서 범인을 소탕하지 않고, 마치 도망가라는 것처럼 사이렌을 울리는지 궁금하지 않으셨나요? 단지 드라마나 영화라서 그랬던 것인지, 그러면 실제 상황에서는 어떻게 하는지 궁금하지 않으신가요? 의문을 해결하기 위해 경찰청에 문의해서 답변을 받았습니다.

먼저 경찰차는 도로 교통법상 '긴급 자동차'에 해당하고, 경찰차처럼 사이렌을 울리면서 가는 또 다른 긴급 자동차로는 구급차가 있습니다. 구급차는 환자의 빠른 이송을 위해 주변 운전자에게 양해를 구하기 위한 목적으로 사이렌을 사용합니다. 경찰차도 마찬가지로 범인을 빠르게 검거하러 가기 위해 사이렌을 울리는 것입니다.

경찰청 범죄예방정책과에 따르면 경찰차는 범죄 예방 및 단속, 신고, 출동 등 업무를 수행할 때 사이렌을 울리거나 경광등을 켭니다.

앞서 말했듯이 빠른 출동을 목적으로 사이렌을 켜는 것이고, 상황에 따라서 끄고 갈 때도 있습니다. 예를 들어 보이스피싱 범인을 검거할 때나 불법 도박장에 출동할 때 등에는 사이렌이나 경광등을 켜지 않고 잠입한다고 합니다.

하지만 굳이 범인 근처에 가서도 사이렌을 울리는 데에는 다른 이유가 있습니다. 폭행·살인·강도 사건 등으로 출동할 때 사이렌을 켜면 범인의 범죄 행위를 멈추게 할 수 있고, 도주를 유도할 수 있습니다. 이는 피해자의 신변 보호를 우선하기 위해서입니다. 정말 간이 크지 않고서야 경찰차의 사이렌 소리를 들으면서 범죄 행위를 계속하지는 않을 것입니다. 만약 범인이 도주하더라도 CCTV 등을 이용해 추적할 수 있으므로 걱정하지 않아도 됩니다.

기내 응급 환자 발생!
탑승객 중에 닥터 계세요?

35

비행기 승객 중에는 항상 의사가 있는 걸까?

드라마나 영화를 보면 비행기 기내에서 환자가 발생했을 때 방송으로 의사를 찾는 장면이 종종 나옵니다. 이를 닥터콜이라고 하는데, 실제로도 비행기 승객 중에는 항상 의사가 있는 것인지 의문이 생깁니다. 만약 승객 중에 의사가 없고 비행기가 착륙할 수 없는 상황이라면 낭패이니 말입니다.

항공사 네 곳에 문의하니 비슷한 답변들을 주었는데, 비행기 승객 중에 항상 의사가 있는 것은 아니라고 합니다. 항공사에서는 특별한 사유 없이 탑승자의 직업 등 신상에 대한 정보를 별도로 수집하지 않으므로 의사가 탑승한다고 해도 알 수 없다고 합니다. 다만, 흥미롭게도 수백 명이 탑승한 비행기에는 의사가 꼭 한두 명씩 있다고 합니다.

그렇다면 의사가 기내에서 닥터콜을 받았을 때 응해야 할까요? 이와 관련해서는 논쟁이 있습니다. 응하지 않았을 때 처벌받을 수 있다는 의견의 근거는 '응급 의료에 관한 법률 제6조'입니다. 이 조항은 "업무 중에 응급 의료를 요청받거나 응급 환자를 발견하면 즉시 응급 의료를 해야 하고, 정당한 사유 없이 이를 거부하거나 기피하지 못한다."라고 규정하는데, 여기서 '업무 중'이라는 말이 병원 근무에 한정된 것이 아니라는 법조계의 해석이 있습니다.

하지만 이런 이유가 아니더라도 의사들은 닥터콜을 받았을 때 대부분 응하거나 응할 의사가 있는 것으로 확인됩니다. 2016년 항공우주의학회지에 실린 논문에 따르면, 의사 445명을 대상으로 진행한 설문 조사에서 96명의 의사가 닥터콜을 받아 본 경험이 있다고 답했습니다.

이 중 73명은 닥터콜에 응했고, 17명은 다른 의사가 이미 처치하고 있거나 자신의 진료과가 아니어서 혹은 음주 상태라는 이유 등으로 응하지 못했으며, 나머지 6명은 법률 소송의 우려가 있어 응하지 않았다고 합니다.

사실 의사 입장에서는 기내 응급 처치 중 환자에게 문제가 발생하면 자신의 책임이 될 수 있으므로 닥터콜에 응해서 좋을 게 없습니다. 이와 관련해 '선한 사마리안법'이라고 들어봤을 것입니다. 2008년에 도입된 '응급 의료법 제5조의2'는 "생명이 위급한 응급환자에게 응급 의료 또는 응급 처치를 제공하여 발생한 재산상 손해와 사상死傷에 대하여 고의 또는 중대한 과실이 없는 경우 그 행위자는 민사 책임과 상해에 대한 형사 책임을 지지 아니하며 사망에 대한 형사 책임은 감경한다."는 법입니다.

여기서 주의 깊게 봐야 할 내용은 '중대한 과실이 없는 경우'와 '사망에 대한 형사 책임은 감경한다'는 부분입니다. 우선 중대한 과실 여부의 기준이 명확하지 않습니다. 게다가 의료인은 과실 여부가 일반인과 다르게 적용될 수 있습니다. 의료인과 관련해서는 선한 사마리안법과 같은 취지의 내용이 '응급 의료에 관한 법률 제63조'에 따로 명시되어 있는데, 일반인과 의료인에 대한 규정을 별도로 마련한 것이 의료진 입장에서는 의아할 것입니다. 무엇보다 환자가 사망했을 때 책임을 면제하는 것이 아니라 감경한다고 되어 있어서 책임의 정도도 불분명합니다.

닥터콜과 관련해 몇몇 의사들에게 직접 문의를 했습니다. 답변을 종합해서 이야기해 보면 아무래도 의사 입장에서는 닥터콜에 응한다고 하더라도 방어적인 진료를 할 수밖에 없다고 합니다.

기내 응급 진료의 가장 큰 문제로 꼽힌 것은 기본적인 의료 장비가 없다는 점입니다. 기내라는 제약된 환경에서 보조 의료 인력도

없이 의사 한 명이 환자를 위해 할 수 있는 일은 사실상 별로 없다고 합니다.

마지막으로 한 가지 의문이 남습니다. 만약 승객 중에 의사가 없으면 어떻게 될까요? 항공사에서는 승무원을 대상으로 간단한 응급조치를 숙지하도록 하고 있습니다. 또한 정말 위급한 환자가 발생한 경우라면 비상 착륙하여 병원으로 이송할 수 있도록 조치합니다.

자네 수저 좀
놓을 줄 아는구먼.
허허~

눈에 안 보이는
먼지는 어쩌지?

36

수저 밑에 휴지를 까는 것이 정말 위생적일까?

여럿이서 식당에 가면 수저통에 가까이 앉은 사람이 일행들에게 수저를 나눠 줍니다. 이때 수저를 놓는 방식은 사람마다 약간씩 차이가 있는데, 많은 사람이 휴지(냅킨)를 깔고 그 위에 수저를 놓습니다. 왜 그럴까요?

일단 식당 테이블은 불특정 다수가 이용하므로 청결하게 유지하기가 어렵습니다. 깨끗하게 닦는 곳도 있겠지만, 바쁠 때는 눈으로 보기에 더럽지 않은 정도로만 닦는 것이 현실입니다.

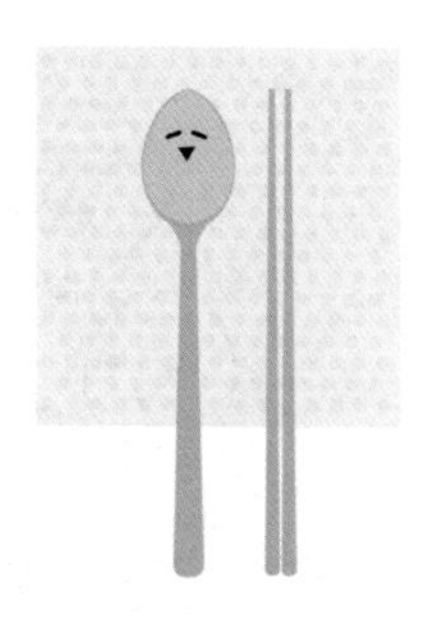

이런 이유로 테이블 위에 수저를 놓으면 비위

* 이 글은 주영하 님(한국학 중앙연구원 교수, 『한국인은 왜 이렇게 먹을까?』 저자)의 도움을 받았습니다.

생적일 수 있다는 생각이 들어 수저 밑에 휴지를 까는 것이고, 일행의 수저를 놔 줄 때도 휴지를 까는 것이 하나의 예의라고 여겨집니다.

그런데 정말 휴지 위에 수저를 놓는 것이 위생적인 방법일까요?

결론부터 말하면 어떻게 하든 큰 의미가 없습니다. 직접 조리해서 먹는 게 아니라면 주방과 요리사의 위생 상태는 어떠한지, 식기는 제대로 설거지했는지 따질 게 너무 많습니다. 그래도 위의 질문에 대해 한번 따져 보도록 하겠습니다.

일단 수저를 휴지 위에 놓았을 때 위생 여부를 따진다는 것은 휴지의 위생 여부를 따지는 것과 같습니다. 식당에서는 구매한 휴지를 비치했을 뿐이므로 휴지 제조업체에서 위생적으로 만들어서 보내 줬다면 문제 삼을 게 전혀 없습니다. 그런데 일부 전문가는 휴지를 만들 때 사용하는 화학 물질에 의심을 던집니다.

휴지를 하얗게 만들어 주는 형광 표백제가 묻어 있을 수 있으므로 휴지 위에 수저를 놓으면 안 된다는 의견입니다. 이들은 형광 표백제 성분이 체내에 유입되면 소화기 장애 등의 문제를 일으킬 수 있다고 경고합니다. 하지만 휴지 제조업체에서는 해당 성분의 유해성이 확실히 검증되지 않았다고 반박합니다.

정부에서는 유해성과 관련한 사실 여부가 확실하지 않으므로 안전 관리를 강화하는 쪽을 택했고, 휴지 제조업체에서도 소비자의 수요를 반영해 형광 표백제가 사용되지 않은 휴지 제품을 만들곤

합니다. 그렇다면 휴지 위에 수저를 놓아도 괜찮다는 걸까요?

형광 표백제와 관련해서는 괜찮을지 몰라도 휴지에는 또한 먼지가 많습니다. 휴지를 만드는 데 사용되는 펄프는 목재나 섬유 식물에서 기계적·화학적 또는 그 중간 방법으로 얻는 셀룰로오스 섬유의 집합체를 말하며, 천연 펄프와 재생 펄프가 있습니다. 휴지를 사용하면 바로 이 펄프 가루가 많이 날립니다. 또한 휴지를 부드럽게 만들기 위해 휴지에 주름을 넣는데, 주름 사이에도 먼지가 많이 낍니다.

대부분의 식당에서는 휴지를 뽑아 쓰도록 해 놓는데, 뽑을 때의

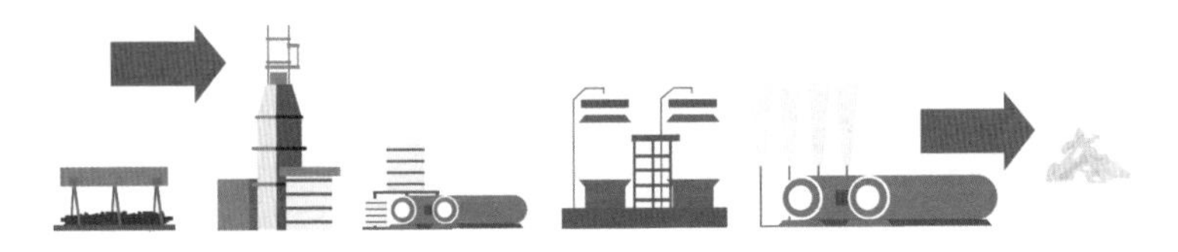

펄프의 제조 과정

마찰로 인해 펄프 가루가 발생할 수 있고, 수저를 휴지 위에 놓으면 펄프 가루가 수저에 묻을 수 있습니다. 하지만 굳이 따져 보자면 이렇다는 것이므로 실은 편한 대로 하면 됩니다.

그런데 언제부터 이렇게 수저 밑에 휴지를 까는 문화가 생겼을까요? 『한국인은 왜 이렇게 먹을까?』의 저자인 주영하 한국학 중앙연구원 교수에 따르면 예전에는 화학적으로 처리한 생산품을 위생적이라고 여기는 인식이 있었고, 이러한 인식을 바탕으로 한 위생에 대한 욕구가 반영되어 생겨난 관습이 최근까지 이어진 것이라고 합니다. 몇십 년 전만 하더라도 볼일을 보고 나서 휴지 대신에 나뭇잎이나 볏짚, 종이 등을 이용해서 뒤를 닦곤 했으니 꽤 신빙성 있는 주장이라고 생각합니다.

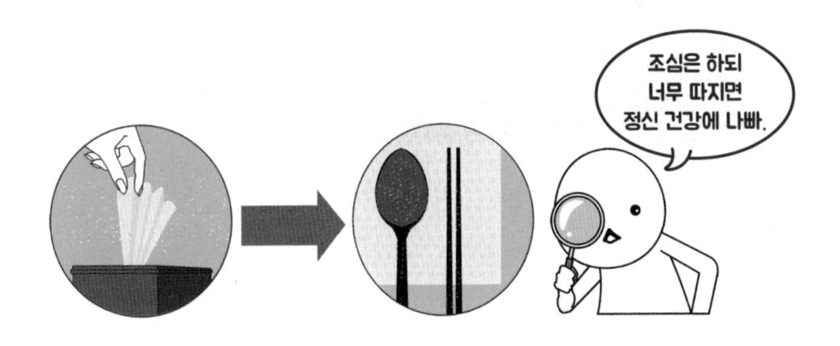

통촉하여
주시옵소서,
전~하~
전~하~

결정!
성은이
망극하옵니다.

37

왕조 시대 때 신하들은 어떻게 타이밍을 맞춰서 합창했을까?

왕조 시대를 배경으로 한 사극에는 임금과 신하들이 한자리에 모여서 정사政事를 의논하는 장면이 자주 등장합니다. 이때 임금의 말에 따라서 신하들이 한목소리로 "통촉하여 주시옵소서, 전하." 또는 "성은이 망극하옵니다, 전하."라고 합창합니다. 어떻게 신하들의 입에서 나오는 말이 토씨 하나까지 똑같고, 이를 정확한 타이밍에 합창할 수 있는 걸까요?

의외로, 《조선왕조실록》이나 《승정원일기》, 《비변사등록》 등의 연대기 사료를 살펴봤을 때, 신하들이 대화 말미에 합창하듯이 위와 같은 말을 하지는 않았을 것으로 추정됩니다. '밝게 비춘다'는 뜻

* 이 글은 김한빛 님(서울대학교 국사학 강사)의 투고를 바탕으로 재구성했습니다.

의 '통촉洞燭'은 아랫사람이 윗사람에게 어떤 문제에 대한 상세한 고찰을 요청할 때 쓰던 말입니다. 실록에서 그 용법을 찾아보면 주로 "임금께서 통촉하셔서" 또는 "임금께서 이미 통촉하셨는데" 등으로 쓰였습니다. 이는 왕이 그 문제를 이미 알고 있거나 처리했다는 뜻이므로, 신하들이 갑작스럽게 입을 모아 통촉해 달라며 반발할 이유가 없습니다.

한편 현대의 군수, 시장, 도지사와 같은 지방 자치 단체장에 해당하는 수령이나 관찰사가 임금에게 보내는 문서에서는 종종 말미에 통촉해 달라는 표현을 쓴 것을 확인할 수 있습니다. 오늘날의 사극은 이것을 반영한 것으로 보입니다.

다음으로 '성은聖恩'은 임금의 은혜라는 뜻을 지니며, 임금의 처분이나 감정을 칭하는 높임말로 쓰였습니다. '망극罔極'은 한도가 없다는 뜻입니다. 그러니까 성은이 망극하다는 것은 대상의 크기나 막대함을 과장한 표현으로, 극진히 예의를 갖춰 감사함을 표하는 말입니다. 이 말은 실록에서 "전하의 망극한 은혜를 입어서"와 같이 자주 쓰였으나, 사극에서처럼 발언 말미에 합창하듯이 읊었다는 기록은 찾을 수 없습니다.

사료에서 왕과 신하들이 정사를 처리하는 방식을 살펴보면, 신하가 상소를 보고하거나 신하 또는 왕이 제안할 때 논의가 시작됩니다. 제안은 왕이 먼저 하는 편이고, 이에 신하들이 자신의 의견을 개진하거나 상대의 의견을 논박하고, 중간중간 임금도 참여합니다. 최종적으로는 임금이 판단을 내리며, 사안이 복잡하거나 논의가 충분하지 않으면 신하들끼리 구체적인 논의를 진행하도록 하여 추후 결정하는 식으로 이루어졌습니다.

그렇다면 사극에서는 왜 신하들이 "통촉하여 주시옵소서."나 "성은이 망극하옵니다."와 같은 표현을 마치 맞춘 듯이 쓰게 했을까요? 영화나 드라마의 극적 긴장감을 높이기 위해 각색했다는 것을 가장 합리적인 이유로 생각해 볼 수 있습니다. 앞서 알아본 방식대로 정사가 처리되어 왕이 결정을 내리는 순간 그대로 논의가 끝나 버리면 당연히 재미가 없었을 것입니다. 그 대신 사료에 자주 나오는 '통촉', '성은', '망극' 등의 표현을 활용해서 서로의 의견을 논박하는 장면을 넣으면 흥미진진하게 연출할 수 있습니다.

또 하나 재미있는 사실은 오래전에 제작된 사극 영화를 보면 이러한 표현들을 사용하지 않았다는 것입니다. 예를 들어, 1961년에 개봉한 〈연산군: 장한사모 편〉에서 연산군이 신하들에게 폐비 윤씨의 추존(죽은 이의 지위를 높여 주는 일)을 요구하는 장면이 나오는데,

이때 신하들은 아무 말도 하지 않고 꾸벅거리기만 합니다.

또한 1962년에 개봉한 〈폭군 연산〉에서도 연산군이 신하들에게 퇴정 명령을 내리는 장면이나 중종이 새로 왕에 등극해 명령을 내리는 장면에서 "통촉하여 주시옵소서." 또는 "성은이 망극하옵니다."라는 대사가 들어갈 만한데도, 신하들은 그냥 "네."라고 대답하는 것이 전부입니다. 그래서 이 두 영화를 보면 상황이 그렇게 극적으로 보이지 않습니다. 여기서 유추해 볼 수 있는 것은 이와 같은 대사를 사극에 도입한 것이 얼마 되지 않았을 것이라는 점입니다.

과거 왕과 신하들의 어전 회의는 현대의 국무 회의와 비슷한 느낌입니다. 국무 회의에서도 의장(대통령)이나 부의장(국무총리)이 결정 사항을 확인하고 의사봉을 두드리면 논의가 종결됩니다. 이때 국무 위원들은 별말을 하지 않습니다. 왕조 시대도 마찬가지였을 것입니다.

사형 제도의 딜레마...
흉악범
사형
인권
통상 문제

38

우리나라는 사형 제도가 있는데 왜 집행을 안 할까?

우리나라는 1997년 12월 30일 사형수 23명에 대한 형을 집행한 후로 현재까지 사형을 집행하지 않았습니다. 그래서 사형제가 폐지됐다고 잘못 아는 사람도 많은데, 대한민국은 법률상 엄연히 사형 제도가 존재하는 국가입니다.

1996년과 2010년에 헌법 재판소에서 사형 제도 위헌 제청을 두 차례나 각하하고 이 제도의 합헌을 결정했습니다. 사형제를 폐지하지 않고 법률상에 남겨 둔 이유에 관해서 헌법 재판소는 "한 나라의 문화가 고도로 발전하고 인지가 발달하여 평화롭고 안정된 사회가 실현되는 등 시대 상황이 바뀌어 생명을 빼앗는 사형이 가진 위하(위협)에 의한 범죄 예방의 필요성이 거의 없게 된다

거나 국민의 법 감정이 그렇다고 인식하는 시기에 이르게 되면 사형은 곧바로 폐지되어야 한다."라고 판시했습니다. 국회에서도 계속해서 사형 폐지 특별 법안을 발의하고 있으나 법제 사법 위원회의 계류 또는 회기 만료로 자동 폐기되는 상황입니다.

실제로 극악무도한 범죄자에게는 아주 드물게 사형을 선고하기도 합니다. 하지만 이를 집행하지는 않습니다. 우리나라는 인권 단체인 국제앰네스티Amnesty International의 분류 기준에 따라 10년 이상 사형을 집행하지 않은 '실질적 사형 폐지 국가'에 속합니다. 국제엠네스티의 집계를 보면 2018년 말 기준으로 모든 범죄에 대한 사형제를 법적으로 폐지한 106개국을 포함해 법적 또는 실질적 사형 폐지 국가는 142개국에 달합니다. 그만큼 많은 국가에서 현재 사형을 집행하지 않고 있습니다.

그렇다면 도대체 왜 사형을 집행하지 않는 걸까요? 인간이 인간

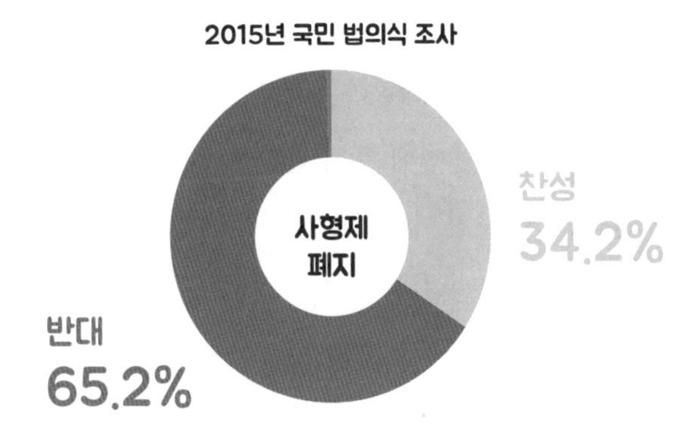

을 죽인다는 것에 대한 죄책감 때문일까요? 그렇다고 하기에는 많은 국민이 극악무도한 범죄자에 대한 사형 집행이 이루어지지 않는 상황을 이해하기 힘들어합니다. '2015년 국민 법의식 조사'에서 사형제 폐지에 대한 찬성은 34.2퍼센트, 반대는 65.2퍼센트가 나왔습니다(모름/무응답 0.6퍼센트). 과반수가 사형제 폐지를 반대하고 흉악범에 대한 사형 집행을 원합니다. 그런데도 사형을 집행하지 않는

이유는 다양한 이해관계가 얽혀 있기 때문입니다.

일단 인간의 생명권을 침해한다는 주장이 있으며, 잘못된 판결의 가능성도 있습니다. 17년 만에 무죄 판결을 받은 '전북 삼례 나라슈퍼 3인조 강도 치사 사건'이 그 예시입니다. 재판부도 사람이므로 잘못된 판결을 할 수 있습니다.

또한 사형 제도가 범죄율 억제에 도움이 된다는 것을 증명할 수 없습니다. 유엔 보고서에 따르면 사형이 무기 징역보다 살인 범죄 억제 효과가 크다는 과학적 증거를 제시할 수 없었고, 앞으로도 그와 같은 결론이 나올 것으로 예상하기 어렵다고 합니다. 물론 이와 반대되는 사례도 있으므로 다소 논쟁적인 부분입니다. 무엇보다 가장 우려되는 부분은 법을 이용해서 간접적으로 살인을 저지를 수도 있다는 것입니다. 권력자가 나쁜 의도로 사형 제도를 악용할 수도

있습니다.

끝으로 사형 제도는 통상 문제와도 관련이 있습니다. 우리나라는 2007년 유럽 평의회The Council of Europe에 범죄인 인도와 형사사법 공조 협약에 가입하겠다는 의사를 밝혔다가 사형제를 유지하고 있다는 이유로 거절당한 적이 있습니다.

이에 우리 정부는 유럽 연합에서 인도받은 범죄인의 경우에는 사형 선고만 하고 집행은 하지 않겠다는 서약서를 제출했습니다. 만약 이 약속을 깨고 사형을 집행한다면 유럽과 통상 문제가 발생할 수도 있습니다.

이런 다양한 이유로 우리나라를 포함한 대부분의 국가에서 사형을 집행하지 않고 있습니다. 범죄자의 인권을 고려한다는 것은 그만큼 그 나라의 인권 수준이 높다는 의미이기도 해서 국가 이미지 관리 차원에서도 결정을 내리기가 쉽지 않을 겁니다.

쌍둥이

잘하자!
넵!

39

일란성 쌍둥이는 대리 시험이 가능할까?

일란성 쌍둥이와 이란성 쌍둥이의 차이를 아시나요? 일란성 쌍둥이는 하나의 수정란이 분열 과정에서 두 개로 갈라져 자란 것이고, 이란성 쌍둥이는 두 개의 난자가 각각 다른 정자와 수정되어 태어납니다. 성별과 생김새뿐만 아니라 유전자까지 동일한 일란성 쌍둥이는 겉모습만 봐서는 구별하기가 쉽지 않습니다. 남들이 구별하기 어려울 정도로 똑같이 생겼다면 서로 대리 시험을 치르는 것도 가능하지 않을까요?

수능 시험을 치르기 위해 시험장에 가면 시험 시작 전에 신분을 확인합니다. 주민등록증이나 운전면허증에 나와 있는 얼굴 사진과 실물을 감독관이 눈으로 직접 비교해서 확인하는데, 이와 같은 방법으로는 일란성 쌍둥이를 구별하지 못할 것입니다.

그렇다면 일란성 쌍둥이를 구별하는 다른 특별한 방법이 있지 않을까요? 의문을 해결하기 위해 교육부에 문의해서 답변을 받았습니다. 답변의 핵심만 보면, 시험을 치를 때 일란성 쌍둥이를 특별히 따로 확인하지는 않습니다. 하지만 문제가 생겼을 때 필적을 통해서 본인 여부를 확인할 수 있다고 합니다. 필적은 사람마다 다르게 나타나는 고유한 글씨 모양이나 솜씨를 말합니다. 컴퓨터용 사인펜으로 답을 체크하는 OMR 카드에 필적 확인란이 있어 여기에 제시된 문장을 똑같이 쓰도록 합니다. 쌍둥이의 필적은 같지 않다는 연구 결과가 많으므로, 추후에 문제가 발생했을 때 이 필적을 보고 대리

*** 아래 필적란에 '햇빛이 선명하게 나뭇잎을 핥고 있었다'를 정자로 반드시 기재하셔야 합니다.**

필 적 확인란	

시험 여부를 가릴 수 있습니다. 즉, 겉모습이 같아도 구별할 방법은 갖추고 있습니다.

다만, 이는 시험 전에 미리 확인하는 게 아니라 대리 시험이 의심되는 정황이 생겼을 때 취하는 조치입니다. 만약 누구도 문제를 제기하지 않는다면 조용히 넘어갈 수 있다는 말입니다. 따라서 일란성 쌍둥이의 대리 시험은 충분히 가능할 것으로 보입니다. 실제로 인터넷에서 이와 관련한 자료를 찾아보면 일란성 쌍둥이가 대리 시험으로 좋은 결과를 냈다는 식의 이야기를 그들의 지인이나 친척이 올린 것을 찾을 수 있습니다. 진위는 확인할 수 없으나 가능성은 충분히 있어 보입니다. 정말 그럴까요?

현실적으로 일란성 쌍둥이가 대리 시험을 치르는 일이 발생할 확률은 희박합니다. 일단 쌍둥이는 나이가 같으므로 대리 시험을 치르기 위해서는 둘 중 한 명이 재수하거나 조기 졸업을 해야 합니다.

또한 2019년 통계청 출생 통계를 확인해 보면 쌍둥이는 전체 출

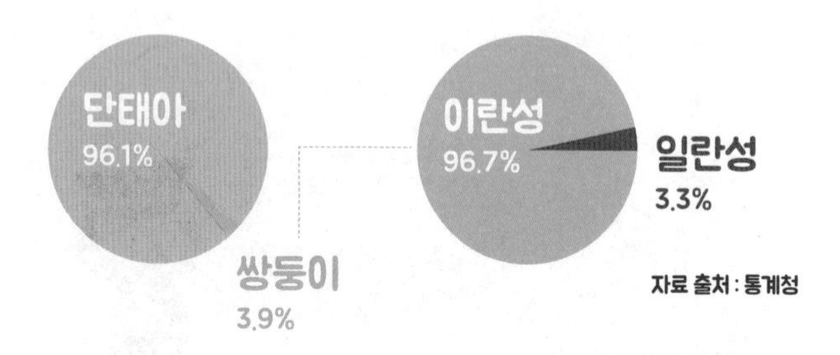

생아의 약 4.6퍼센트입니다. 쌍둥이 중에서도 성별과 외모가 같은 일란성 쌍둥이로 태어나는 경우는 더 확률이 낮으므로 정말 극소수입니다. 이 극소수 중에서 누군가가 대리 시험을 치른다면 걸릴 위험이 매우 높을 텐데, 자칫 인생의 커다란 걸림돌이 될 수 있는 이런 도박을 벌일 사람이 얼마나 될까요? 게다가 주변 사람들과의 교류가 정말 없는 사람이면 몰라도, 평소 성적과 다른 결과를 냈을 때 의문을 가지는 주변 사람이 분명 있을 것입니다.

그럼에도 시도하는 사람이 있기는 합니다. 2000년대 초에 대학 논술 대리 시험을 보는 일란성 쌍둥이가 적발된 적이 있고, 2005년 운전면허 필기시험에서도 그런 사례가 있었습니다.

필적 감정은 믿을 수 있나요?

글씨의 모양이나 솜씨를 붓의 발자취라는 뜻으로 필적筆跡이라 하고, 이를 조사해 동일인 여부를 판단하는 걸 필적 감정이라고 합니다.

손글씨는 글자를 나눈 형태(배자), 획의 기세(필세), 획의 순서(필순) 등에서 사람에 따라 고유한 특징이 나타납니다. 이처럼 필적에서 보이는 항상성과 희소성을 파악한 후, 대조 자료와 비교하면 동일인이 쓴 것인지가 드러납니다. 만약 자료에 없는 특징이 대조 자료에 나타난다면 두 자료를 쓴 사람이 다르다는 증거가 됩니다. 그래서 필적 감정은 특히 범죄 수사에서 중요하게 쓰입니다. 최근의 과학 수사에서는 필적뿐만 아니라 잉크 등을 화학적으로 감정해 문서의 작성 시기도 알아낼 수 있습니다.

Q. 화물선이 다리 위 수로를 지날 때 다리가 버텨야 하는 무게는?
1. 늘어난다
2. 일정하다
3. 줄어든다
?

유레카!

40

배가 다리 위 수로를 건널 때 다리가 버텨야 하는 무게는 늘어날까?

다리 위에 수로가 있고, 배가 그 수로를 지날 때 다리가 버티는 무게는 어떻게 달라질까요? 배의 무게만큼 다리에 하중이 가해진다고 생각하는 사람도 있고, 배가 잠긴 만큼 물이 밀려나므로 그만큼의 무게가 줄어든다고 생각하는 사람도 있을 겁니다. 이 주제를 두고 일부 커뮤니티에서 이미 열띤 논쟁이 벌어진 적이 있습니다. 결론을 말하면 다리에 가해지는 무게의 변화는 없고, 그 이유는 물의 압력에 있습니다.

정지 상태의 유체 속에서 작용하는 물의 압력(단위 면적당 힘)을 **정수압** hydrostatic pressure 이라고 하는데, 정수압이 존재하는 이유는 중력

* 이 글은 이정진 님(서울대학교 기계공학부 박사과정, 필명 엔너드)이 투고한 원고를 바탕으로 재구성했습니다.

독일의 마그데부르크 수로는 다리 위에 물이 있다!

때문입니다. 많은 사람이 중력은 지구의 중심을 향해 가해진다고만 생각합니다. 그런데 사람을 놓고 보면 중력에 의해 목이 받는 압력은 어떨까요? 당연히 목 위에 놓인 머리에 의해 눌리는 압력이 발생할 겁니다. 허리는 머리와 상체가 누르는 압력을 받고, 발바닥은 여기에 하체가 누르는 압력까지 받습니다.

이러한 원리는 물에서도 마찬가지입니다. 수면으로부터 특정 높이만큼 잠긴 위치의 물은 그 위에 놓인 물기둥만큼의 물이 누르는 압력을 받습니다.

이 물기둥의 무게는 계산식을 통해 구할 수 있고, 구한 값을 압력으로 바꾸면 물의 무게로 발생하는 정수압입니다.

그런데 여기서 물 위의 공기가 누르는 압력도 고려해야 하지 않을까요? 이를 **대기압**이라고 하는데, 면밀하게 따져 보면 정수압에 대기압을 더해 주어야 정확합니다. 하지만 대기압은 1기압으로 거의 일정하므로 여기서는 생략하겠습니다.

정수압은 다음과 같은 특징이 있습니다.

1. 물 안의 물체에 작용하는 정수압의 방향은 물체 표면에 수직이다.

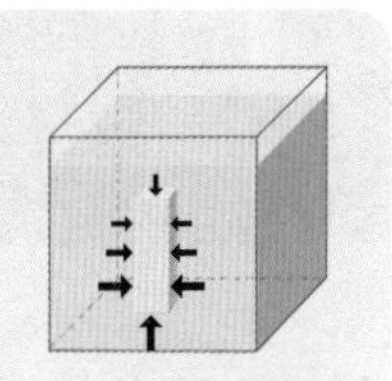

2. 물 안의 임의의 위치에서 정수압 세기는 수심에 비례하며 같은 높이에서의 수압은 모두 같다.

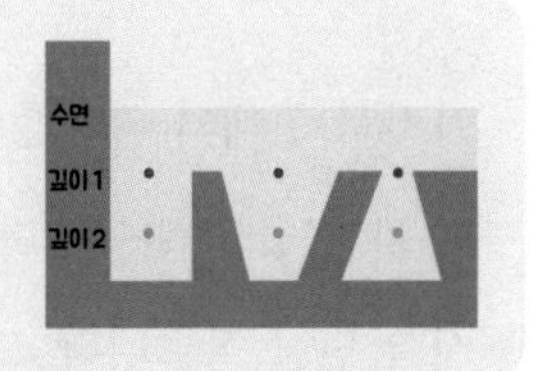

3. 물 안의 임의의 위치에서 정수압 세기는 작용하는 방향과 관계없이 일정하다.

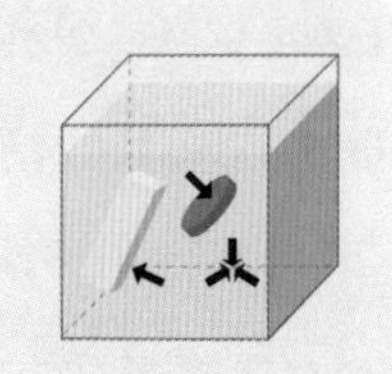

이 세 가지 특징 중에서 우리가 알아보려는 주제와 관련한 것은 정수압이 물의 높이(수위) 변화에 따라서만 크기가 달라진다는 두 번째 특징입니다. 예를 들어서 다음 페이지 그림의 a, b, c는 수심이 같으므로 폭에 상관없이 정수압 세기가 같고, 마찬가지로 d, e, f도 서로 같습니다. 두 집단을 비교하면 정수압 세기는 더 깊게 잠긴 쪽(d, e, f)이 더 셉니다.

여기서 주제의 의문을 해결할 수 있습니다. 다리 위 수로를 지나가는 배가 물을 밀어낸다고 해도 그 양을 고려했을 때 수위 변화는 무시할 만큼 작습니다. 그리고 수위 변화를 포함해 물의 밀도와 중력 가속도는 동일하므로 다리에 작용하는 힘(=압력×면적)은 배가 지나가도 달라지지 않고 일정합니다.

이 주제는 과학 시간에 **아르키메데스 원리** Archimedes' law로부터 배운 **부력**으로도 설명할 수 있습니다. 아르키메데스 원리는 다음과 같습니다.

1. 유체에 잠긴 물체는 그 물체가 밀어낸 부피만큼의 유체 무게와 동일한 크기로 중력과 반대 방향의 부력을 받는다.
2. 유체에 부분적으로 잠긴 물체는 잠긴 만큼의 유체 무게와 동일한 부력을 받는다.

상대적으로 깊이 잠겨 있는 물체의 아래 표면에 작용하는 정수압은 위 표면에 작용하는 정수압보다 셀 것입니다. 따라서 물체는 물 위로 향하는 힘인 부력을 받습니다. 그런데 물체가 물에 부분적으로 잠겨 있는 경우에는 잠긴 부피만으로 계산해야 합니다. 즉, 아르키메데스 원리에 따라 물체가 받는 부력은 물체가 잠긴 부피만큼의 물의 무게와 같습니다.

그리고 물체를 들어 올리는 힘이 물체의 무게와 같거나 그보다 크면 물체가 물에 뜨는데, 이때 물체 바닥의 정수압은 어떨까요? 물 위로 떠오른 물체 윗부분이 받는 중력으로 인해 정수압이 늘어날까요? 아닙니다. 원래 물이 누르던 압력이 물체가 누르는 압력으로 바뀐 것뿐이므로 변화는 없습니다. 마찬가지로 배가 다리 위 수로에 떠 있다고 해도 다리에 가해지는 무게에는 아무런 영향을 주지 않습니다.

아르키메데스는 무얼 깨닫고 유레카를 외쳤나?

왕관이 순금인지를 증명하라는 왕의 명령을 받은 아르키메데스는 상당히 고심했습니다. 값싼 은을 섞었다고 해도 증명할 방법이 떠오르지 않은 겁니다. 물어볼 사람도 없는 기원전 3세기인 데다가, 명색이 당대 최고의 과학자로 통하던 체면에 물을 수도 없었을 것입니다. 그러던 아르키메데스는 목욕물 속에서 물에 잠긴 자신의 몸이 뜨는 걸 느끼며 외쳤습니다.

유레카! 알아냈다!

그가 금관과 같은 무게의 금덩이와 금관을 함께 천칭에 매달아 보니 평형을 이뤘습니다. 하지만 천칭을 물속에서 넣어 보니 금덩이 쪽으로 기울었습니다. 은이 섞인 왕관은 부피가 더 컸기 때문에 부력을 많이 받아 천칭의 평형이 깨졌기 때문입니다.

참고 문헌

1부 알면 알수록 빠져드는 신비로운 뇌 이야기

1 거울 속 나와 사진 속 나는 왜 달라 보일까?

Burt, D. Michael, and David I. Perrett. "Perceptual asymmetries in judgements of facial attractiveness, age, gender, speech and expression." Neuropsychologia 35.5 (1997): 685-693.

2 데자뷔 현상은 왜 일어나는 걸까?

Illman, Nathan A., et al. "Déjà experiences in temporal lobe epilepsy." Epilepsy Research and Treatment 2012 (2012).
: https://www.ncbi.nlm.nih.gov/pmc/articles/PMC3420423/

3 왜 어릴 때 일들은 기억이 안 날까?

- Usher, JoNell A., and Ulric Neisser. "Childhood amnesia and the beginnings of memory for four early life events." Journal of Experimental Psychology: General 122.2 (1993): 155.
- Bauer, Patricia J., and Marina Larkina. "Childhood amnesia in the making: Different distributions of autobiographical memories in children and adults." Journal of Experimental Psychology: General 143.2 (2014): 597.

6 버스에서 졸 때 도착할 때쯤 깨는 이유는?

- Portas, Chiara M., et al. "Auditory processing across the sleep-wake cycle: simultaneous EEG and fMRI monitoring in humans." Neuron 28.3 (2000): 991-999.
- Ruby, Perrine, et al. "Alpha reactivity to complex sounds differs during REM sleep and wakefulness."PLoS One 8.11 (2013): e79989.
- Mesgarani, Nima, and Edward F. Chang. "Selective cortical representation of attended speaker in multi-talker speech perception." Nature 485.7397 (2012): 233-236.

7 왜 우리는 눈 깜빡임을 인지하지 못할까?

- Bristow, Davina, et al. "Blinking suppresses the neural response to unchanging retinal stimulation."Current Biology 15.14 (2005): 1296-1300.
- Maus, Gerrit W., et al. "Target displacements during eye blinks trigger automatic recalibration of gaze

direction." Current biology 27.3 (2017): 445–450.
- Grossman, Shany, et al. "Where does time go when you blink?." Psychological science 30.6 (2019): 907–916.

8 유체 이탈은 실제로 일어나는 현상일까?

- Greyson, Bruce, et al. "Out-of-body experiences associated with seizures." Frontiers in human neuroscience 8 (2014): 65.
- Blanke, Olaf, and Shahar Arzy. "The out-of-body experience: disturbed self-processing at the temporo-parietal junction." The Neuroscientist 11.1 (2005): 16–24.

2부 엉뚱하고 흥미진진한 궁이 실험실

9 화산에 쓰레기를 처리하면 안 될까?

- 폐기물의 국가 간 이동 및 그 처리에 관한 법률 (약칭: 폐기물국가간이동법)
[시행 2021. 10. 2.] [법률 제17984호, 2021. 4. 1., 일부 개정]
- Why don't we shoot garbage into the Sun?
: https://www.bbc.com/future/article/20160226-why-dont-we-shoot-garbage-into-the-sun

10 우주에서 총을 쏘면 어떻게 될까?

- Hubble, E. "A Relation Between Distance and Radial Velocity Among Extra-Galactic Nebulae." The Early Universe: Reprints (1988): 9.
- https://interestingengineering.com/firing-gun-space-what-would-happen

14 거인이 되면 왜 느리게 움직일까?

- Alexander, R. McN. "Estimates of speeds of dinosaurs." Nature 261.5556 (1976): 129–130.
- http://galileo.phys.virginia.edu/classes/609.ral5q.fall04/LecturePDF/L14-GALILEOSCALING.pdf
- Giant Human Skeletons
: https://itsmth.fandom.com/wiki/Giant_Human_Skeletons

16 놀이 기구를 탈 때 붕 뜨는 느낌은 뭘까?

- https://minnesota.cbslocal.com/2012/05/16/good-question-why-does-your-stomach-drop-on-a-roller-coaster/
- https://www.scientificamerican.com/article/what-do-people-feel-in-a/

3부 알아 두면 쓸데 있는 생활 궁금증

17 가스라이터 용기 가운데에 칸막이를 넣은 이유는?

- Mankavi, Faramarz, and Abdolrahim Rezaeiha. "Design and Development of a Low Power Laboratory Resistojet." Asian Joint Conference on Propulsion and Power (AJCPP2012). 2012.

18 가위바위보 게임은 정말 공정할까?

- AKBじゃんけん大会　必勝法は「パーを出すこと」と理学博士
  : https://www.news-postseven.com/archives/20110709_25433.html
- Wang, Zhijian, Bin Xu, and Hai-Jun Zhou. "Social cycling and conditional responses in the Rock-Paper-Scissors game." Scientific reports 4.1 (2014): 1-7.
- Dyson, Benjamin James, et al. "Negative outcomes evoke cyclic irrational decisions in Rock, Paper, Scissors." Scientific reports 6.1 (2016): 1-6.

19 길을 가다가 거미줄에 걸린 것 같은 느낌이 드는 이유는?

- Cho, Moonsung, et al. "An observational study of ballooning in large spiders: nanoscale multifibers enable large spiders' soaring flight." PLoS biology 16.6 (2018): e2004405.

22 요즘 요구르트 뚜껑에는 왜 요구르트가 안 묻어 있을까?

https://asia.nikkei.com/magazine/20141127-Abenomics-on-the-ballot/Tech-Science/Industry-attached-to-nonadhesion-technology

23 자전거나 우산의 손잡이는 왜 끈적거릴까?

- Celina, Mathew C. "Review of polymer oxidation and its relationship with materials performance and lifetime prediction." Polymer Degradation and Stability 98.12 (2013): 2419–2429.
- Chemistry, Manufacture and Applications of Natural Rubber, 2014

24 스카치테이프가 여러 겹일 때 왜 노랗게 보이는 걸까?

- Gorassini, Andrea, et al. "ATR–FTIR characterization of old pressure sensitive adhesive tapes in historic papers." Journal of Cultural Heritage 21 (2016): 775–785.

4부 자다가도 생각나는 몸에 관한 궁금증

25 고환의 위치를 바꾸면 어떻게 될까?

- McDougal, W. Scott, et al. Campbell–Walsh Urology 11th Edition Review E–Book. Elsevier Health Sciences, 2015.
- Smith, Joseph A., et al. Hinman's Atlas of Urologic Surgery Revised Reprint. Elsevier, 2019.
- Laher, Abdullah, et al. "Testicular Torsion in the Emergency Room: A Review of Detection and Management Strategies." Open Access Emergency Medicine: OAEM 12 (2020): 237.

26 넷째 손가락은 왜 들어 올리기 힘들까?

- Williams, Terrance J., et al. "Finger–length ratios and sexual orientation." Nature 404.6777 (2000): 455–456.

28 조난 상황에서 비만인 사람이 더 오랫동안 버틸 수 있을까?

- Scobie, I. N. "Weight loss will be much faster in lean than in obese hunger strikers." BMJ: British Medical Journal 316.7132 (1998): 707.
- Cuendet, G. S., et al. "Hormone–substrate responses to total fasting in lean and obese mice." American Journal of Physiology–Legacy Content 228.1 (1975): 276–283.
- Henry, C. J. K. "The biology of human starvation: some new insights." Nutrition Bulletin 26.3 (2001): 205–211.

29 소주를 마시면 정말 위장이 소독될까?

- Morton, Harry E. "The relationship of concentration and germicidal efficiency of ethyl alcohol." Annals of the New York Academy of Sciences 53.1 (1950): 191-196.

30 손톱과 발톱은 어디서 나와서 자라는 걸까?

- Le Gros Clark, W. E., and LH Dudley Buxton. "Studies in nail growth." British Journal of Dermatology 50.5 (1938): 221-235.

5부 몰라도 되지만 어쩐지 알고 싶은 잡학 상식

33 기차와 시내버스에는 왜 안전벨트가 없을까?

- 안전벨트 착용에 따른 차량 사고 사망률 현황 (질병관리본부)

: http://www.mohw.go.kr/react/modules/download.jsp?BOARD_ID=140&CONT_SEQ=346133&FILE_SEQ=237754

35 비행기 승객 중에는 항상 의사가 있는 걸까?

- 응급 의료에 관한 법률 [시행 2021. 12. 30.] [법률 제17786호, 2020. 12. 29., 일부 개정]
- 임소연, 박소정, 전유경, 조향기, & 임주원. (2017). 기내 닥터콜과 환자의 안전. 항공우주의학회지, 27(2), 21-32.

37 왕조 시대 때 신하들은 어떻게 타이밍을 맞춰서 합창했을까?

- 영조 즉위년 11월 10일 경술 5번째 기사 [통촉]

http://sillok.history.go.kr/id/kua_10011010_005

- 세종 28년 11월 28일 임진 1번째 기사 [망극]

http://sillok.history.go.kr/id/kda_12811028_001

38 우리나라는 사형 제도가 있는데 왜 집행을 안 할까?

- 형법 제41조 등 위헌 제청 [전원재판부 2008헌가23, 2010. 2. 25.]

- 헌법재판소 1996. 11. 28. 선고 95헌바1 전원 재판부〔합헌 · 각하〕[형법 제250조 등 위헌 소원] [헌집8-2, 537]

39 일란성 쌍둥이는 대리 시험이 가능할까?

- Srihari, Sargur, Chen Huang, and Harish Srinivasan. "On the discriminability of the handwriting of twins." Journal of Forensic Sciences 53.2 (2008): 430–446.

40 배가 다리 위 수로를 건널 때 다리가 버텨야 하는 무게는 늘어날까?

- White, Frank M. "Fluid Mechanics, McGraw-Hill." New York (1994).
- The Scale at the Bottom of a Pool
  : https://www.wired.com/2011/09/the-scale-at-the-bottom-of-a-pool/

사소해서 물어보지 못했지만 궁금했던 이야기 2

1판 1쇄 발행 2022년 3월 23일
1판 9쇄 발행 2024년 10월 4일

지은이 사물궁이 잡학지식
펴낸이 김영곤
펴낸곳 (주)북이십일 아르테

책임편집 최은아
구성 에듀툰
기획편집 장미희 김지영 최윤지
디자인 김미정
마케팅 한충희 남정한 최명렬 나은경 정유진 한경화 백다희
영업 변유경 김영남 강경남 황성진 김도연 권채영 전연우 최유성
제작 이영민 권경민

출판등록 2000년 5월 6일 제406-2003-061호
주소 (10881) 경기도 파주시 회동길 201(문발동)
대표전화 031-955-2100 **팩스** 031-955-2151 **이메일** book21@book21.co.kr

ISBN 978-89-509-0015-1 04400
978-89-509-0014-4 (세트)

아르테는 (주)북이십일의 문학·교양 브랜드입니다.

(주)북이십일 경계를 허무는 콘텐츠 리더

페이스북 facebook.com/21arte 블로그 arte.kro.kr
인스타그램 instagram.com/21_arte 홈페이지 arte.book21.com

* 책값은 뒤표지에 있습니다.

* 잘못 만들어진 책은 구입하신 서점에서 교환해 드립니다.